新　昆　虫　记

“蟋部”之旅

马丽滨　著

长江出版传媒
湖北科学技术出版社

图书在版编目（CIP）数据

“蟋部”之旅 / 马丽滨著 .-- 武汉：湖北科学技术出版社，2019.4
（新昆虫记）
ISBN 978-7-5706-0570-5

Ⅰ . ①蟋… Ⅱ . ①马… Ⅲ . ①蟋蟀 – 普及读物
Ⅳ . ① Q969.26-49

中国版本图书馆 CIP 数据核字 (2018) 第 299615 号

“蟋部”之旅　XIBU ZHILYU

责任编辑　彭永东　梅嘉容
装帧设计　朱赢椿　胡博
督　　印　刘春尧
责任校对　陈横宇

出版发行　湖北科学技术出版社
地　　址　武汉市雄楚大街 268 号
（湖北出版文化城 B 座 13-14 层）
邮　　编　430070
电　　话　027-87679464
网　　址　http：//www.hbsp.com.cn
印　　刷　武汉市金港彩印有限公司
邮　　编　430023
开　　本　710×1000　1/16　12 印张
版　　次　2019 年 4 月第 1 版
2019 年 4 月第 1 次印刷
字　　数　206 千字
定　　价　49.80 元

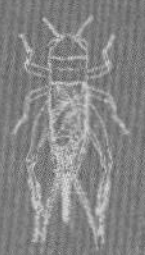

总　序

昆虫是我儿时的亲密伙伴，它们曾给我的童年带来过无穷的乐趣和无边的想象。我相信，很多孩童的日子，都是在这自然界精灵的陪伴下度过的。当这些孩子长大成人之后，昆虫这个世界会化为一个虚幻的梦，一段埋藏在他们心灵深处的记忆。

法国作家法布尔的《昆虫记》出版后风靡全球，点燃了无数人心中童年的梦。《昆虫记》熔作者毕生的研究成果和人生感悟于一炉，将昆虫世界化作供人类获取知识、趣味、美感和思想的美文，被誉为“昆虫世界的《荷马史诗》”。

昆虫界是大自然的一个重要有机组成部分，那是一个奇妙而神秘的世界。许多昆虫的个体虽小，但它们的群体展现出巨大的能量，无时无刻不在对自然界以及人类社会产生重大的影响。昆虫的种类众多，占整个动物界的2/3，庞大的数量使得其行为的多样性和创造性几乎无穷无尽。人类社会随时随地都要和昆虫打交道，我们每个人一生中可能要和20万只昆虫产生关系。听到这里，你可能要吓一跳，但事实确实如此。人类、昆虫、自然这三者的关系是极为复杂的，要学会和谐相处，首先要了解我们身边的昆虫。

湖北科学技术出版社出版的“新昆虫记”丛书既是对法布尔《昆虫记》的致敬，又是一次大胆的开拓和创新，大自然中常见的蝴蝶、蜻蜓、萤火虫、蟋蟀、蚂蚁、蚂蚱等昆虫构成了每本书的主体。丛书在几个方面都有突破和创新：首先，它立足于特定的昆虫类群，结合了现代化的观察手段和最新的研究成果；其次，它的写作形式新颖、多样，有散文、游记、科幻故事、童话，以人性观照虫性，以虫性反映社会人生；最后，它的文字清新自然、语调轻松幽默，内容与青少年的心理契合程度高，极具原创性、新颖性、趣味性，人文特色明显，不仅仅传播科学知识，更加注重科学思想、科学方法和科学精神的培养。

丛书汇集了国内昆虫界的一批年轻学者和昆虫达人，他们有思想、有朝气、有情怀，也是科普创作中的生力军和后起之秀。这套作品通过细致入微的观察和妙趣横生的故事，将昆虫鲜为人知的生活和习性生动地描写出来，字里行间无不渗透着作者对昆虫的热爱之情，很多昆虫的种类和照片都是第一次向公众展示。作品将昆虫的多彩生活与作者自己的人生感悟融为一体，既表达了作者对生命和自然的热爱和尊重，又传播了科学知识。

更让读者惊喜的是，此次出版社围绕纸质出版内容，搜集了精美的图片和相关的视频，并且为每种昆虫准备了真实生动的 AR（增强现实技术）场景，使读者通过扫描二维码或微信公众号就可以获得相关的资源，旨在把“新昆虫记”丛书做成一个融媒体的立体化项目。这是一个有远见的、大手笔的尝试。

希望通过“新昆虫记”这套丛书，吸引更多的人来认识昆虫、了解昆虫，并借此帮助人们认识神奇的大自然；让科学的光芒照亮青少年，让文学的雨露滋润青少年，让人与自然的和谐以及环保的意识融入青少年的血液；让我们这些年轻学者和达人一起，与自然界众多的平凡子民——昆虫，共同谱写的生命乐章，激发青少年到大自然中去探索知识，认识自然，从而尊重、热爱大自然，保护环境，保护人类的地球家园。

张润志

全国昆虫学首席科学传播专家

中国昆虫学会科普工作委员会主任

中国科学院动物研究所研究员

2018 年 11 月 19 日

前　言

清晨，电信大楼的整点钟声会按时响起，推开窗户，《东方红》的曲调伴着一阵清爽拂面而来。此时此刻，是夏季西安最舒适的间隙，因为只有这个时候，人们才能享受一下“火炉”之中的些许清凉。西安的中心位置有一圈被城墙围起来的地方。这种曾经遍布中华大地的城市地标已经为数不多，而西安的城墙不仅宏伟壮观，其保留度也相当完整。当然，在今天繁重的交通压力下，每每从固定的几个“小”门洞中穿过的时候，你总能体会到西安人守护历史时的微微隐痛。老西安人习惯将城墙内的部分称为“城里”，而四方城之外的地方都会惯之以“郊”，比如东方的“纺织城”是东郊，南方的“大学城”是南郊。在西安城的正中有一座钟楼，分毫不差地坐落于西安城的中心点，她西侧的不远处有一座鼓楼与之呼应。

顺鼓楼进城，快到北院门的时候，大家会看到左侧有一条繁华的街道。高大的牌楼上面蓝匾鎏金三个大字——西羊市，这条东西走向的大街名为庙后街。这是一条以吃食为主的街道，道路两侧店铺林立、招牌错落。这边有肉饼、甑糕、炒凉粉，那边有泡馍、小炒、灌汤包，再走两步还会有凉皮、烤肉、柿子饼。一路下来飘香四溢，也烟雾缭绕。继续往西，过了大学习巷，再走几步，右手边一条狭长的、路口散落着几家卖菜摊贩的小道就是西仓巷。“西仓”在好几个圈子里都是名气非凡，这里是西安的“古玩”、“旧货”、“花鸟”及 “鸣虫”市场。西仓的“仓”字是指粮仓，这里自明清时曾是官府粮仓，后在粮仓西侧逐渐聚集为集市，延留至今。西仓虽然地处城中，经历着西安城的都市化进程，但这里的各个市场并非天天热闹。如同很多乡土集市，这里只有逢周四、周日才会有集。虽为集市，但当地却称为“档子”；而赶集不叫“赶集”，却唤作“上档子”。

档子上售卖鸣虫的摊位散落在各种铺位之间，虽然场景斑驳、声音嘈杂，但因为鸣虫的聒噪，远远便能寻到这些摊铺。黄白色竹编蝈蝈笼被密集地捆扎成一个大圆球，堆成一地，或者用一个杆子挑着靠墙而立。还不算太高的朝阳越过院落高墙把这一大堆竹笼照得一半白色、一半黑色。但是，无论冷暖，虫儿们似乎都会卖力地竞相高歌。这是最常见的景象，也是最能吸引人们听觉注意的虫摊儿。蝈蝈虽然普通，但已然成为西仓周围回坊人家的夏季标配。穿街过巷，回访人的房前屋后都会响起阵阵蝈螽鸣叫。他们一般不会用摊贩售卖时候的竹编笼子盛装蝈蝈，而是转置到更加精致、可以吊挂的木制蝈蝈笼中。这一夏，蝈蝈儿们都会在宽敞的笼中被瓜果虫蔬娇惯着。鸣虫见的多了，自然就会聚集起一群热情的玩家。既为玩家，赏玩的内容当然会比普罗大众的偏好繁多而精致。

有些零散的铺位前摆放着木制的蝈蝈笼、塑料鸣虫盒或者精雕细琢的葫芦，人影涌动，但并无聒噪的虫叫。走近这些小摊儿，会看到一摞摞玻璃盖儿的红色小纸盒，里面放着各色大小的鸣虫。这些虫儿的名字很有意思，大多唤作各种“蛉”，有天蛉、地蛉、青蛉、竹蛉、黄蛉、金蛉、油蛉、墨蛉、马蛉和宝塔蛉。这些昆虫在分类上都属于蟋蟀科，可以统称为蟋蟀。其中，天蛉是距蟋亚科的片蟋，也叫作金钟或者绿金钟；地蛉、青蛉同属于蟋蟀亚科，分别是利特音蟋和红背特蟋；竹蛉是树蟋，属于树蟋亚科；黄蛉、金蛉、油蛉和墨蛉都属于蛉蟋亚科，分别是黄蛉蟋（或斯蛉蟋）、双带拟蛉蟋、亮黑拟蛉蟋和墨蛉蟋；马蛉是蛛蟋亚科的日本钟蟋，也俗称黑金钟；而宝塔蛉多指蛣蟋亚科的云斑金蟋。这些蟋蟀叫声各不相同，但都无愧于它们的“蛉”字，因为个个虫子都能发出金属般的铃音或者哨声。人们常在摊儿前围观，有人会随意指点一个盒子向摊主询价。但询价的人多半不会购买，他们常常是对自己好奇心的一种宣泄。反倒不问价钱的人，多半会默契而利索地使用上面的各种俗名向摊主索要虫类，然后精心挑选上眼的爱虫。

有些虫摊儿前常会围上几圈人，内圈的人蹲着、往外的人半蹲着、再往外的人低着头，然后最外圈的人踮起脚伸长脖子把脑袋往里面挤。他们是在观“战”——一对雄性蟋蟀之间的殊死战斗。斗蟋与鸣虫并行，早已成就了一种流行于民间的关于昆虫的传统文化，这种文化源自唐宋，盛行于整个东亚和东南亚，至今弥久不衰。两虫酣战时刻充满了力量、技巧和意外。观战的人有的在看热闹，有的在看门道。看门道的人是在一点一点地检验自己对战果的预测。这种预测常常源自个人的经验，是内行人长期积累的、朴素的对蟋蟀形态和行为的认知。当验证的反馈是正向的时候，内行人会因为自我认可而喜悦；而得到负反馈时，内行人也会思索总结新的经验。这样的心智过程应该是绝大多数斗蟋玩家的乐趣所在。当然，斗蟋玩家的最高奖赏应该是自己的玩宠在众多“战斗”中脱颖而出，战无不胜。

我到了西安以后才开始接触蟋蟀。在这里，我见到了第一个蟋蟀罐的实物，我第一次购买了虫盒和葫芦，我第一次捉来各种蟋蟀观察形态。我也是从这里出发，开启了第一次采集蟋蟀标本的旅程。“蟋部”之旅，既是由西安出发继续深入“西部”采集蟋蟀的旅程，也是探索“蟋蟀部落”、求真溯本的科研征途。西部，旷野万里、景观奇骏，是英雄们彰显正义的地方；蟋部，文化渊远、声行繁丽，是虫友们探索自然的窗口。

马丽滨

2018 年 11 月 06 日

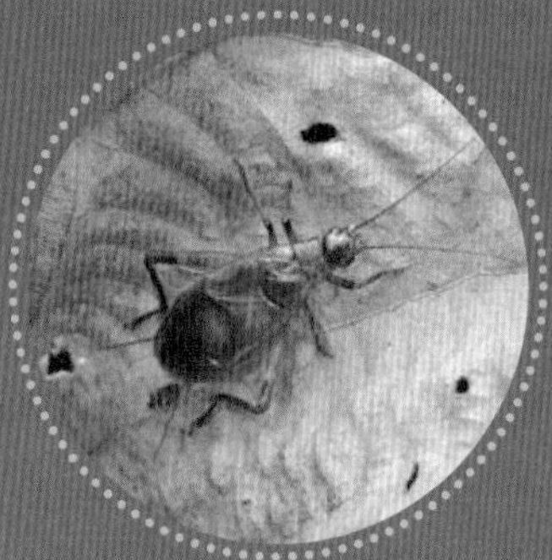

目　录

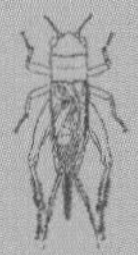

"蟋部"之旅

第一章

玩虫贺兰

我小的时候随家人一起生活在贺兰山腹地，那是一座座荒漠化的山地，岩石被暴晒成干黄的颜色，山上零星散布着山杏、短刺莎草，一些低洼的地方能见到枸杞、蒿草和苦苦菜。也许是记忆的模糊，也许本来就缺少青绿，我对这里春季的印象只有漫山红粉色的山杏花和它们淡淡的绿叶芽。那会儿，大家都喜欢折上几枝泡到瓶子里，然后放到窗台上，让久违的生机留香人间。干黄的山上有石有土，在裸露的土层里常常会找到白骨一样的蜗牛壳。它们显然不是化石，但也不是这个地质时代的生命，因为如此干燥的环境应该无法满足这类软体动物所需的润泽。这里的昆虫种类很少，虽然也能看到一些昆虫，但似乎只有白乎乎的菜粉蝶，以及不甚丰富的蚂蚁和蝗虫。于是，这不多的虫儿成了我的玩伴之一。现在想想，那时候陪我玩耍过的应该有体型硕大、通体黑色的日本弓背蚁，以及一样黑色、但体型细小的铺道蚁。在户外玩耍时会经常碰到黑色大蚂蚁，那会儿当然不认识这是什么蚂蚁，甚至看到它们叼来叼去的褐色肉球（蚂蚁的蛹）都会误以为那是蚂蚁蛋（蚂蚁的卵）。看到那些慌张的大蚂蚁叼咬着各种东西跑来跑去，循着它们的轨迹探寻而依然不知小家伙们的目的地，这也许是很多人曾有过的童年经历。

少时的我也没有蝗和蚱的概念，这种蹦跶蹦跶的东西一律叫作蚂蚱，甚至还会有些有趣的称号。比如一种像是雏蝗的蚂蚱，我们小时候就管它叫作“嘎哒飞”。也许是因为这种蝗虫起飞时会发出“嘎哒嘎哒”的声音，所以才被形象地取了这样一个名字。这种蚂蚱很有意思，有点儿像变色龙。你在黄色石头上见到的会是黄色，而在灰色或黑色石头上见到的又会是黑灰色。只有在它们起飞的时候，用来飞翔的膜质后翅才会展现出艳丽的朱红色。因为它们的颜色跟环境无比融合，在山上漫不经心地闲逛时，很难发现这些生灵，只有你的双脚踏到它的身边时，才会立即响起一阵“嘎哒嘎哒”声，顺着声音，一条不那么优美的红色线条从你面前掠过。然后，小孩儿们就去追逐这个可怜的蚂蚱，追到近前又是一阵“嘎哒嘎哒”……最后的结局要么是可怜的蚂蚱无奈地在你手上吐下一坨胆汁一样的墨绿色液体，要么就是这只蚂蚱绝望而傲慢地放弃“嘎哒嘎哒”的短行，而一口气飞上天空，变成一个看不见的小点点。

▲白纹雏蝗 *Chorthippus albonemus*

其实童年记忆里的昆虫不仅没有蟋蟀，连鸣虫都少得可怜。在山里生活的时候仅仅谋面过尾巴长有“大刀”的螽斯（也误叫作蚂蚱），根本不知道到它的伙伴是否会鸣唱；而回城以后，也只是在每年夏天看到“南方人”挑着两大堆蝈蝈笼“歌声嘹亮”地踏步在银川市的街道上。就是在那个时候，我也有过一次养蝈蝈的经历。那是一只翠绿色的小家伙，常常摆动起它长长的触角，摇晃着脑袋，用那一动不动的双眼呆萌地观察着自己的草笼和缝隙中的人类世界。夏季的银川瓜果丰盛，从我的视角看，蝈蝈的生活还算幸福，因为每天都会有西瓜、香瓜、黄瓜、桃子、葡萄或西红柿吃，所以欢快地鸣唱，仿佛在诉说着它嘴上的甜蜜和腹中的充实。银川天凉得早，到了8月中旬，大概是水土不服，挂在窗户上的、我的第一只蝈蝈倒在笼里。我将它的尸体取出，拿了盒火柴，把里面腾空，用这个火柴盒做了它最后的小窝，然后在家门口的墙根儿下挖个小坑，把它埋了。

▲蒙螽 *Mongolodectes* sp.（图片提供：杨贵军）

蟋蟀，这个名字，还有蟋蟀那黑乎乎的神气模样令我印象深刻。因为在我以及众多同龄人记忆中有限的动画片和童话故事里，蟋蟀的出镜率还是挺高的。

现在回想起来，记忆中有过蟋蟀小哥的动画片大概有四部。《蛐蛐》是其中一部对蟋蟀的描绘最形象也是最贴近中国昆虫文化的动画片。话说在古代，有个爱好斗蟋蟀的皇帝得到一只擅斗的“黑头将军”，对进献蟋蟀的平头百姓这本是件好事，而事实正好相反。这个进献蟋蟀的平头百姓名叫成名，有个聪明伶俐的儿子叫小华，家住华阴县。成名进献了一只绝好的蟋蟀，非但没有得到奖赏，反被要求再献一只，并被县官以砍头相要挟。虽然困难重重，好在他运气不错，又得到一只。但是，意外发生了，小华不小心将这只来之不易的蟋蟀弄死了。懊悔不已的小华投井自杀，虽然被及时救起，但依然浑浑噩噩不省人事。而此时此刻，奇迹发生了，昏睡的小华变作一只不起眼的小蟋蟀，不仅斗败体壮的蟋蟀，还能斗败公鸡。成名拿这只小华化身的蟋蟀交了皇差，而小华则在皇宫闹了一个人仰马翻，然后逃回家里。这个故事其实是根据蒲松龄《聊斋》里的一篇《促织》改编而成的。后来，似乎在中学的时候还从语文课本里读到过。

第二部叫《济公斗蟋蟀》，貌似是一种皮影或者剪纸动画片，大概是因为济公角色的戏份太强，对里面的蟋蟀反倒没有太多印象。

第三部是一个外国系列片，里面有个蟋蟀博士，整天拿本大书给小朋友们讲自行车、火……而他的神奇之处表现在黑板画上寥寥几笔，一个人、一辆车、一团火就能冲出黑板动了起来。这部系列片太老，印象中还是在黑白电视上看的，对它的名字也没有什么印象。不过我在网上查了一下，这是一部迪士尼出品的科普动画片，它的出产日期确实够老，那会儿大概中国还没有电视。片中的主人公，就是那个名叫 Jiminy Cricket 的蟋蟀，这部剧的原名叫作 *I'm no fool*。

第四部与蟋蟀有关的是动画片《匹诺曹》，这个动画片我小时候没有机会看到，但有幸听过它的半盘录音带。之所以是半盘，是因为妈妈给我买的时候只有一个下集——从匹诺曹带着父亲从鲸鱼肚子里逃出开始，没有前面的故事。这里头有个宽宏大量的蟋蟀小哥。因为那时没有听过前因，所以不曾知道匹诺曹对蟋蟀做过什么，只是在匹诺曹道歉的时候，以要求蟋蟀扔木槌来砸自己作为对蟋蟀小哥的忏悔。当然，说过了，蟋蟀是宽宏大量的，它欣然地原谅了匹诺曹。

似乎我的儿时，对于蟋蟀的印象就止于这些吧。其他令我印象深刻，并给了我昆虫启蒙的当属天牛了。

我七八岁上学的时候回到城里。那会儿的银川城很小，公交车的终点站就在市郊，可以看到稻田，还可以看到纵横交错的渠坝。那会儿渠坝上栽满了粗粗的白杨树，夏季，即便是烈日当头的中午，树下也依然清爽阴凉。在渠坝上，我的玩物不是那缓缓流淌的黄色渠水，也不是语文课本里高度赞扬的白杨树，而是白杨树上一只一只的光肩星天牛。这是一种黑色的大甲虫，身上长满了白色的斑点。长长的、分成一节节的触角不像公牛的犄角，反倒像孙大圣从龙王那里要来的金冠，左右一摆一摆。它有一双黑黑的眼睛，没有眼神、没有眼色，只是呆呆地看着两侧；它的大牙是最让人恐惧的，因为那对牙能够咬破树皮，所以咬烂手指也不在话下。它的身体像半个梭形，光滑而坚硬，掀起两片坚硬的翅盖（鞘翅）会看到下面能够飞行的软翅（膜翅）折叠在里面。最早用手抓天牛有些胆怯，所以会远远地提起它们的触角。后来发现，这样提起来，天牛兄反倒会把脚蹬上来抓我的手，所以干脆捉住它的后颈（胸部）。天牛的脖子（前胸）短，没办法将头扭过来，而这时就会发现，它的脖子一上一下发出“吱吱”的声音，仿佛在大叫，让我快快放它下来。

但是，就是因为这些天牛，银川城的所有白杨树都被砍伐焚烧，在相当长的一段时间里，沿着渠坝远远望去，无冬历夏，满目都是苍凉的土黄。听说有的地方为了解决天牛虫害，曾以收购的方式发动一众小孩儿去捕捉这些天牛。尽管那会儿出于好奇，对天牛进行了残忍的肢解，但在“灭害”名义的遮掩下，那份该有的愧疚感被略去了。其实虫本身并无好坏的分别。这一点是我从第一次到野外采集蝗虫的时候体会到的。那会儿，对于害虫的概念还是源于课本。因此，关于蝗虫的理解，那时我认为它们都是危害人类经济生产的害虫。但是，当我走进深山，在一天天的游走中，在寥寥的采集收获中，我发现，蝗虫这种“害虫”并非满处都是，它们的栖息地也并非都是农田，而农田中分布的只是很少的几个种类。我那会儿才意识到，“害虫”是一个主观的概念，

▲光肩星天牛 *Anoplophora glabripennis*（图片提供：杨贵军）

它是以人类利益为出发点，强加于某些昆虫身上的定义。其实，即便是我们十分熟知并且业已生产上百种农药以对付的那些所谓害虫，它们在一个平衡的生态系统中，绝不会形成一个造成生态负担的庞大种群。而只有在人类改造后的单一环境中，比如农田、比如银川渠坝上的白杨树，才会暴发为虫害。这些地方能够为某种昆虫提供理想的食物来源，却无法为它们的天敌提供有利的生存空间。

在玩耍光肩星天牛的时候，我还不懂得昆虫的发育，更不懂得昆虫的种类。有一次，发现了一个小小的黑色天牛，便误以为那是还没有长大的光肩星天牛。直到后来上了大学，才知道那是一种和光肩星天牛没有什么联系的天牛种类。天牛这种鞘翅目昆虫属于全变态物种，它们在发育的过程中要经历卵、幼虫、蛹和成虫四个截然不同的生活时期，跟蝴蝶和家蚕一样，它们的幼虫和成虫完全不同，而一旦从蛹中破壳而出，它们的成虫便不会再有什么形态上的变化。当然，也有成虫和幼虫虫态相仿、差别不大的昆虫种类。有着这种发育史的昆虫被称为渐变态。它们从卵中破壳而出后，幼虫即与成虫形态相仿，甚至十分相像，只是在一定的发育期后，它们就会蜕掉一层皮，长大一些，直到接近成虫的时候蜕掉最后一层皮，然后变成真正的成虫，比如蝗虫、蟋蟀就是这类昆虫。

蚂蚁、蚂蚱、天牛和“非现实”的蟋蟀就是我童年时候斑驳的昆虫记忆。西部自然环境的贫瘠让我无法接触到丰富的昆虫，然而，也正是这份单调才能让我在几十年后还能在脑海中浮现出那许多的片段。后来，我的生活靠近了秦岭，从那里，我开始真正地接触到了丰富的昆虫。

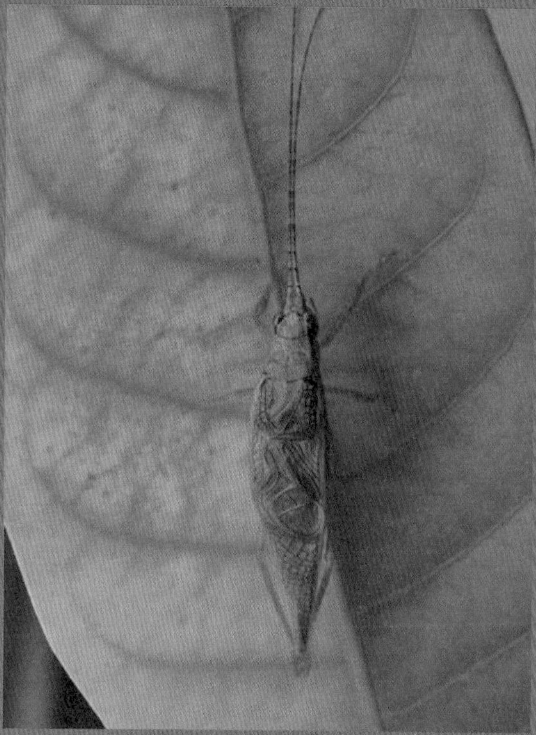

"蟋部"之旅

第二章

秦岭秋夏

片蟋的俗名叫金钟，是鸣虫界著名的歌手也是一种极善伪装的昆虫。它们通体绿色，长得像一只规整的小舟，常常收起手脚、触角隐藏在高大枝叶的根部。它们的手脚上长有吸盘，可以牢牢地吸附在树叶表面，任凭风吹树摇，也可以泰然自若。

片蟋是这个属的中文名，它们的属拉丁词为 *Truljalia*。它们隶属于直翅目 Orthoptera、螽亚目 Ensifera、蟋蟀总科 Grylloidea、蟋蟀科 Gryllidae、距蟋亚科 Podoscirtinae。片蟋雄虫鸣叫时会将双翅完全挺立，几乎与身体成直角，以至于其声响的立体效果十分明显。人若处在片蟋的声场之内，很难仅仅依据声音辨识它的具体方位。片蟋也是一类具有后胸背腺的蟋蟀。它们的后胸背腺能够分泌一种芬芳的营养脂类，当雌虫听到鸣声靠近雄虫后，便会爬上雄虫身体，取食背腺分泌物，而雄虫也乘机与雌虫进行交配。

我曾在陕西省佛坪县发现一个片蟋属的新物种，为了发现和报道它，我在这个地方很费了一番周折。第一次是在秋末去佛坪采集时候，中午提着昆虫网在县城周围的菜地里转悠，因为一早出来没有什么大的收获，而这会儿也快到饭点，所以一边往住处走，一边找找，看看会有什么不期而遇。

正是在袁家坝南边跨河大桥的桥头上，我听到一阵阵铜铃般的美妙声响，那声音几乎包裹着我整个人，完全没有方向，半天也无法判别声响的来源。我往桥栏上看，往山头上看，往周围的树上看，都没能搜索到目标。伴着稍急的秋风，只能一点点随着声强向目标靠近，脚下有一株孤零零齐腰高的花草，稀少的枝叶让人一眼就看透，我绕过这花草向远处走去，慢慢又发觉声音变远，便回头再走，这样往返几趟，我有些纳闷，这美妙的声音总不能来自这株孤草吧？就这样，我在这只通透的孤草前一片枝叶一片枝叶地巡视了快1个小时，突然看到一根褐黄色的枯草细枝动了一下，但那一动很不自然，没有随风而动的飘逸，所以，顺着那一缕细丝我拨开了草叶，天哪，居然是一只片蟋，规整地“蜷缩”在叶梗和枝干之间，黄绿色，点缀着一些这个季节该有的枯黄斑点。我惊叹之余，想都没想，就痛快地将它收入网中。没错，我可是一个蟋蟀捕猎者，这个身份容不得我疏忽。到底是晚秋了，能捉到这只片蟋也的确是我的运气。不知道在盛夏时，这只雄性片蟋经历过什么，现在是“虫到暮年”，不仅身体枯黄，一个中足的跗节也已经残缺。就是这样一个暮年的蟋蟀，也能在一根枯枝中隐蔽，让我花费1小时之久才搜寻到。

标本的采集是一件很奇怪的事情，顺其自然不只是一种心态，更像是这件事情的“本质”。如果有一个明确的采集目标，得到的常常是失望，但是，在你百无聊赖的时候，又会喜从天降。可惜的是，这只蟋蟀我并未能养殖很长时间，以至于我都未能录制下它的声音。当然，起初我只是以为它就是我们常见的梨片蟋，虽然这在陕西省是首次发现，我也并没有给予太多的关注。但是，在后期的解剖比较中，我发现了它与梨片蟋的差异。而这样才促使我为了它，又重新开启了一次“目标明确”的佛坪蟋蟀之旅。

“目标明确”的佛坪蟋蟀之旅？如果加上这些定语的话，这一次的佛坪之行的确算是有了一些新奇。因为，佛坪这方水土，曾经是一个我常常光顾的地方。那个时候，我甚至知道在什么时间，去哪一家能够吃上刚出锅的菜豆腐；或者过了哪个点儿，这一天就不用再惦记那份味道独特的热面皮了。所不同的是，那会儿来到佛坪，一般只会有时间点的概念，而不会确切到物种的采集目标。当然了，这个目标明确的行程也不是那么随意就决定了，期间我经历了很多的事情，而这个时间跨度始于2009年秋末，结束于2012年夏末。

2009年将那只历经了秋寒、终老孤独的残疾（右侧中足跗节在野外时已经残缺）片蟋带到实验室后，我很认真地将其饲喂起来，还屡屡听到了它在笼中的悦耳鸣啼。但是，终究是过了时节，在它吐尽仅存的那几分余力，这只在秦岭山中首次发现的“梨片蟋”便成了一个拥有科研价值的针插标本。

走进梨片蟋的世界!

你是否见过梨片蟋呢? 它们又有哪些生活习性呢?

玩转炫酷 AR

打开APP，点击对应昆虫图标，扫描左侧目标图片，开启奇妙AR之旅!

▲梨片蟋 *Truljalia hibinonis*（图片提供：张韬）

虽然这只片蟋在秦岭山中的分布被我首次记录，但是，它只是被我粗浅地认作了梨片蟋，一个在周边区域十分常见的“金钟”物种。因为我有太多的蟋蟀标本需要研究，而且很多标本的研究价值要比这个“片蟋的常见种”大，所以，它自然而然被束之高阁了。在我之前，国内从事蟋蟀分类的专家和机构也不少。其中最重要，也是最知名的就是上海昆虫博物馆的殷海生和刘宪伟；中国农科院吴福桢也留下了很多重要的研究资源。所以，为了了解中国蟋蟀分类的概况，也为查看很多珍贵的蟋蟀标本，在将那只“佛坪片蟋”的标本收起之后的第二年春天，我就开始了自己1个多月的上海和北京的蟋蟀标本检视之旅。那是一个漫长、多雨而阴冷的春季。那也是我的第一次上海之行。因为要在上海停留1个月，所以一切准备都以上海为主。在地处西北的西安已然温暖，甚至略感炎热的情况下，这座地处江南的国际都市，因那份持久的寒凉和潮湿令我措手不及。好在薄厚衣服搭配得当，在我将携带的所有衣服同时上身之后，才能略微抵住4月上海的那份“清凉”。待在上海的1个月真真切切是我现今度过的最忙碌的日子之一，每天都会从实验室开门干活到实验室关门，并且没有周末，而每分每秒的工作都是重复着对每一只蟋蟀标本的鉴定、描记和拍照。在看似充裕的1个月里，我只在师弟的邀请和陪伴下，去了一次上海外滩和正在试运营的上海世博园。而在我离开的那天上午也还在忙着跟博物馆老师商量着借阅标本的事情，以至于险些错过北上首都的列车。

▲梨片蟋 *Truljalia hibinonis*（图片提供：张韬）

▲梨片蟋 *Truljalia hibinonis*（图片提供：张韬）

在这次紧张忙碌的上海和北京的行程中，我几乎看到了这个时候在中国大陆所有记载的蟋蟀标本，并对依据这些标本获得的分类现状有了一个基本的认识。在这些标本中，片蟋属算是一个了解最完备的类群。

这是一类东亚分布为主的昆虫类群。直到现在，片蟋属在中国的分布都是最多的，而我上海、北京之行的收获之一，就是基本看全了片蟋在中国记述的种类，包括绝大多数的模式标本。所谓模式标本，它是一个物种或属建立的物质依据，在分类中具有十分重要的价值。当分类中遇到困惑的时候，只要比对了模式标本，就能在不同程度上解决这个分类的疑难。片蟋属物种间的外形差异很小，从体色、形态上只能区分出它们之中一部分物种，而绝大多数物种很难依靠外形特征直接判断。但是，这类昆虫的雄性外生殖器异常发达，常常能够突出腹末端，暴露于体外，这为它们的物种识别带来了极大的便利。它们的雄性外生殖器具有一对显著发达的附肢（阳茎外侧突特化而成），这对附肢可以通过弯曲的程度、末端的分叉和基部的附突等变化形成物种间的差异，比如瘤突片蟋，它的这对附肢便特化得像一个曲颈的天鹅（粗壮弯曲的主体末尾带一个针状的末端）。当然，尽管此时我对中国片蟋有了一个很好的了解，并且明白自己应该花些时间钻研一下手头的片蟋标本，但是我未意识到佛坪那头孤老的标本或许存在着细微的“与众不同”。在此之后，我历经了人生中的第一次青藏行，也穿越了一次无论驴友，还是虫友都会津津乐道的艰险墨脱，然后就是发文章、写论文、答辩、找工作、入职培训，直待稍稍安顿，我才有机会回顾一下这只孤老的佛坪片蟋。

等我准备研究手头的片蟋标本时，除了佛坪片蟋，我已经有了一批来自海南、四川、广东、湖南和湖北的标本。在前期知识和资料的积累下，大部分标本被轻松地鉴定了出来，唯有这个“据说”十分普通的梨片蟋出现了似是而非的“说不准”情况。产地分属于四川、湖南、湖北和陕西的梨片蟋彼此间都有些不同，尤其是湖北标本和陕西标本的些微差异最为“显著”。在这个疑难物种的鉴定上，我只遵循一个原则：“是就是，不是就不是。”这话简单，但操作起来着实让我费了一番力气。这时，我想到了模式标本和鸣声特征。

前面讲过，模式标本在物种建立、命名和鉴定中具有极其重要的价值和作用。梨片蟋的模式产地是日本东京。这时候，幸好有一位同行在日本神户读博士。他帮我捉到了几只日本的梨片蟋，并且还录制了它们的鸣叫声音。如此，我不仅得到了模式产地的梨片蟋标本，还获得了它们的重要鉴别特征——声音。在蟋蟀中，存在很多生殖隔离的方式，空间和时间的隔绝都会造成一些典型种类间的生殖隔离。但是，蟋蟀物种间隔离机制中最主要、最基本的方式是它们的“性选择”。蟋蟀的鸣叫就是它们的求偶信号，而在物种内部，雌性对于雄性的叫声有着特异的专一性，即使细微的声学差异也会造成它们彼此间的隔离。而生殖隔离是划分“生物学物种”的重要依据。因此，在蟋蟀的分类研究中，鸣声往往扮演着重要的角色。2005年一篇发表在《科学》杂志上的文章，醒目地告知世人，蟋蟀是进化速率最快的节肢动物，而在已知动物中，它们的进化速率位列第二。

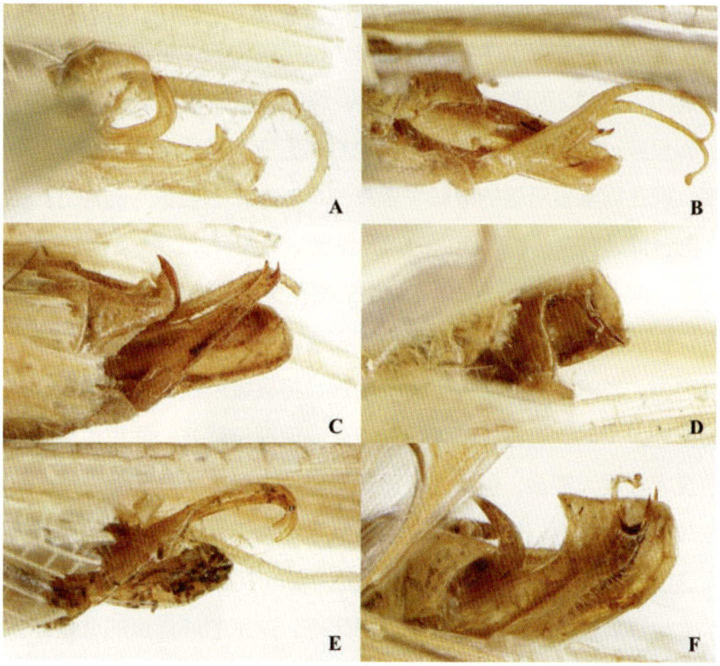

▲片蟋属主要种类雄性外生殖器的外露部分

A. 长突片蟋 *Truljalia meloda* B. 双刺片蟋 *Truljalia bispinosa* C. 尾铗片蟋 *Truljalia forceps* D. 瘤突片蟋 *Truljalia tylacantha* E. 霍氏片蟋 *Truljalia viminea* F. 橙柑片蟋 *Truljalia citri*

这一惊人的结论来自生活在夏威夷群岛的剑尾蛉蟋，这是一类与我们熟知的金蛉和墨蛉相似的蟋蟀种类，或分布在同一个岛屿，或分布在不同的岛屿。在很早的时候，因为外形的极大相似，它们是被作为一个物种看待的。直到有一天，著名直翅目系统学专家丹尼尔·奥特（Daniel Otte）利用鸣声特征对这些剑尾蛉蟋开展了研究，而此次，奥特教授轻松将“一个物种”变做了60多个物种。由此可见，声学特征在蟋蟀分类中应用的重要性。

在得到“东风”之后，我发现自己还不具备任何条件——那只孤老的佛坪片蟋只有一只标本，我并没有采集它的声学特征。这样，时间就拖到了2012年夏末，这是我参加工作的第二个年头，也是很多事情安排妥当，撸起袖子准备干活的时候。于是，我的第一个只为一个物种的采集计划开始实施。那年，从长白山回到长春，打理好行装，我便一路南下，一步一步地奔向那片我熟悉的山林——陕西省佛坪县。

佛坪是一座深山中的微型城市，说起来它与关中平原就隔着一座大山，沿312国道，从周至出发，翻山越岭，最后从一座高山的山洞里穿过就来到了佛坪。这个地方在历史上与周至有着密切的联系。现在周至县所辖的厚畛子里有一个叫作“老县城”的地方，这个老县城是有来历的，而它的渊源正是与佛坪有关。就是这个佛坪，曾有一部小说，还有一部电影，讲的都是关于佛坪和老县城的故事。据说在民国初期，佛坪县的县城不在袁家坝，而在靠近周至的老县城之内。当时地方政府为了方便管理，将县城所在地迁到了今天的袁家坝。当然，老县城不仅历史悠久，地理位置好，面积也比现在的袁家坝要大很多，但是，今天的老县城只剩下一些历史遗迹，而在政治区划上也与佛坪没有半点联系了。关于佛坪的名气也并非仅仅这段小小的历史，最重要的是，因为有一个重要的生灵——熊猫。

也许真的因为交通不便、信息闭塞，这里的熊猫真的就是在新中国成立后发现的，此前外面的人并不知道这个地方也生活着这种令世界人民所着迷的呆萌动物。而当地人，在以前虽然很熟悉这些时常糟蹋他们院落和庄稼的“花熊”，却并不知道它们的价值。直到北京师范大学的科研人员到这里开展科考，人们才有机会发现这一宝贝。生活在秦岭中的熊猫因为与四川大熊猫地理相隔遥远，且分离历史时间久远，所以已在形态上表现出较为明显的差异，这些差异也最终让分类学家将分布在四川和陕西的熊猫分别定名为不同的熊猫亚种。在它们的众多差异中，最显著的要数它们的鼻子，四川熊猫的鼻子长——更像狗熊；陕西熊猫的鼻子短——更像猫。这个特征从分类学上讲，就是两只头骨的长度不同，长的是像狗熊的四川亚种，而短的就是栖息在秦岭山脉中的熊猫亚种。

这年我从长春回到西安，在杨凌停留几日后便带着一个同伴前往佛坪。我们从杨凌往周至，中间在板房子采集了一天一夜，然后搭乘唯一的、经317国道由西安发往佛坪的班车。以前没有高速的时候，这条线路和这趟班车是往来佛坪的唯一方式。比起高速来，这辆车的劣势很多。首先是速度慢，这个显而易见，国道在山涧中蜿蜒，时不时还要翻越几座高山，这速度可想而知，而且颠来甩去，乘坐感也很差；其次是不确定事件发生的概率比较大，这条路因为塌方、修路、事故等各种事情，常常会让乘客遭遇堵车。不过，对昆虫采集来说，这种线路深入大山，恰恰将很多优秀的生境串联起来，反倒为采集者提供了很多便捷。来到佛坪的时候已经是热浪滚滚的中午。我计划进岳坝，然后径直进入保护区内部。但要等第二天由县城开往岳坝的班车，同时进入保护区前也有些手续需要办理。

我们在县城的邮电宾馆住下，这是一个我再也熟悉不过的落脚地了。算上这一次，在10多年的光景里，我将这家宾馆从县城里高级宾馆住成了廉价旅店。早些年，佛坪县城大一点的住宿地方只有两家，这个邮电宾馆是其中一家，因为环境、位置和经营规范，我们每经县城都会在这里入住。不过10多年过去，县城发达了，酒店多了起来，除了规模设施的发展，档次也提升了许多。而这里，所有的一切依旧很亲切，没有啥变化。宾馆旁边的面馆和面皮馆也依然如故，这里能够吃到汉中特色的热面皮和菜豆腐。热面皮是一种口味独特的“面皮”吃法，不仅可以填饱肚子，还可以满足热乎的味觉需求，而暖暖的汤汁又能温热你的胃。菜豆腐在豆腐熬制的时候加入青菜，浇上汤汁，热乎乎也别有一番风味儿，而且作为豆制品，吃一碗顶上一顿烩羊肉。我们吃了热面皮，赶在下午上班的时间就去保护区管理局报道了，除了办理入区手续，还要见见老朋友。

佛坪县说是一个县城，但中心镇袁家坝并不大，它的街道数目一只手就可以数得过来。倒不是因为这里发展水平低，而是因为它的地理位置。在秦岭山中，人们基本都是沿河聚居。秦岭山脉虽然延绵千里，至少在陕西境内，秦岭中并无什么大的沟谷，所有沟谷都显得拥挤。在这里，河岸上但凡有片宽广些空地的地方都被称作坝子，而这些坝子便是人们喜好的居住之地。佛坪县县政府所在的袁家坝大概就是这个县内最大的一片宜居土坝，当然，作为一个县城，它是小了些。佛坪县坐落在南北向的山谷中间，两边是山，椒溪河位于县城主城的西侧，沿国道过迎宾大桥，县城与大河便左右调换了一下位置。一路向下，县城的最南边就是佛坪国家级自然保护区管理局所在地。因为这个院落依山而建，所以从某一个角度，看上去很有些布达拉宫的味道。对于大熊猫秦岭亚种的研究和保护，恰恰凝结了佛保局几代人的辛勤劳动，甚至付出了大量的血汗和宝贵的生命。

因为以前工作的原因，我不仅熟悉这里的每一片山林，还熟悉很多这方水土的守护者。龚会生擅长脊椎动物标本的制作，保护区博物馆里收藏的大熊猫标本都出自龚老师之手。他不仅带给人们亲近自然的机会，也赋予了历经生老病死之后的动物新的价值。党高弟擅长植物分类，他熟悉保护区界内的每一根草、每一片叶。往往，采集植物材料的人找到他都会得到如超市管理员般的明确指点。还有梁启慧，一位身材魁梧、嗓音洪厚、健谈而充满故事的摄影作家。记不得什么时候认识的梁启慧，但是地点应该就在三官庙附近。那年在三官庙采集蚂蚁标本，站在山上，远远地看见一位身着红色冲锋衣、肩抗一个白色佳能大炮筒的人在沟底缓缓行走。保护区也有

▲三官庙保护站

几户人家，但在一片偌大的旷野依然显得无比寂寥，突然有人出现就会十分扎眼。就是那天傍晚，在三官庙保护站的晚饭时间认识了这位耿直、博学、健谈、帅气且嗓音好听的梁老师。那会儿他刚刚做完胆结石手术，身体发虚，大概出于对自己魁梧体格的自信，所以扛着沉重的摄影设备在山中步行三四个小时从大古坪来到三官庙，据他自己所言，这趟下来体力消耗不小。佛保局的人以山为家、以熊猫和羚牛为伴，也许是生活的简单，才能沉淀下故事。坐下来，他们每个人都能给你讲出很多这山、这水、这些人的有趣故事。提起梁启慧，说到三官庙，就要提一个发源于这里的人和事，因为他们不仅感动着每一个触碰了这里的人，也激发了人们对这个故事的好奇。

曾周是北京大学著名动物学家潘文石的学生，不幸的是，他仅仅做了1年的硕士就为我国大熊猫的科考研究工作献出了年轻的生命。现在，在三官庙保护站的下面还立有一座庄重的墓碑，墓中葬有曾周的部分遗骨。每每经过这座墓碑，都油然而生一种献身科研的使命感和庄严感。因为曾经有人，就是眼前的墓主，已经为人类的事业献出了宝贵的生命。梁启慧跟曾周年龄相仿，曾周出事那年，他们两人同为这支考察队的年轻成员。在那短暂而紧张的科考期间，历经数载，沉淀下来的生活片段令人感动且意味深长。现代人在自然科学的武装下越来越相信人类力量的强大，的确，当通透的理解了事物的本质之后，再辅以机器设备的强力，似乎没有人类做不到的事情。但是，常年生活在人迹罕至的深山老林，人们会慢慢意识到人类的渺小和人力的微不足道。在这片林中，哪怕是一只熊、一头牛，甚至一条蛇，都会对人类造成恐惧和伤害。

有一年我们在光头山（保护区最高山）做样方，晚上就住在山顶。这里有个保护区搭建的木屋。推门进去，两侧卧房中间有个屋子，可以算作厨房，也可算作客厅吧。总之，这里有个炉子，灶台旁堆了很多油盐和大米。山上有个不成文的约定，每个人上山都会背些粮食和油盐上来，用不完会留下，等后面人来后继续使用，这样，哪个人油粮不够，便可互相接济。那年我们上来了，刚好有另一支比较大的队伍雇了几位背工，夜晚我们和背工大哥们同烤火、同聊天、同铺睡觉。心情愉悦，我索性吹起了一支欢快的口哨。但是，刚刚起头便使周遭立马平静下来，这时，一位年长些的背工大哥示意我不能吹口哨，而其他人的脸上也个个严肃。我的那份愉悦因这个突变戛然而止，但是，更多的是疑惑：不就是口哨吗？当晚我未能得到什么答案。也许因为这个口哨，也许因为大家这一天都很累，总之，在这个口哨之后，大家打打哈哈就各自钻进自己的睡袋去了。这份疑惑直到今天我也没有得到一个让我满意的答案。第二天我问那位制止我的背工大哥，他只是简单地说是害怕引来毒蛇。对这个答案我感觉有些简单，并且简单得让我不尽信服。也许这就是一种山里人对于自然的敬畏，以及出于敬畏而产生的谨小慎微。

三官庙位于保护区的核心区，这个地方直到现在也无法使用大型交通工具，要想进去，只能依靠双脚和畜力。按照陕南山区对于

▲光头山

坝子的定义，三官庙前前后后也有几个不小的坝子，但是这里少有人家，坝子上全是丛丛密林。其实我最喜欢秋季到三官庙，因为那会儿的野外工作会自然而然地以“吃”为主题。板栗熟透一个个砸到地上，有些炸开后会露出棕色的栗子，捡起来，用牙轻轻一咬，就可以吃到那鲜嫩脆甜的栗子肉。还有核桃，这个没办法直接捡起来就吃，因为去掉外面的果壳需要花些力气，所以我常常会在保护站里，直接拿人家剥好晾在窗台上的鲜核桃，这会儿的核桃仁包裹着一层厚厚的膜，撕掉以后就是乳白色的核桃肉，嚼起来脆甜，还带点儿淡淡的奶味儿。当然，还有山猕猴桃，看上去更像长了毛的大枣，大小只有一般猕猴桃的1/4大小，但是口味极佳，不仅甜，猕猴桃的那种香味儿也更浓厚。这三官庙不仅能够满足人们吃的欲望，更能满足人的眼睛和人的鼻子。山中郁郁葱葱、溪水潺潺，山路蜿蜒曲折、时而向上、时而往下；有崖下的斑斑青苔，也有崖顶伸出的树干，挥洒着多余的青绿，抑或抖擞着这片橙红；这里有烈日下阴凉和透过树叶钻出的条条光柱，也有漫漫草坪上鲜花、松柏和蓝天白云。就是这样一片美丽而引人神往的地方，谁见了能不喜爱呢？我想曾周那年从老家湛江到了北京，在北京度过了他的5年大学生活后，来到这样一片仙境般的地方，那份感慨和心情的激荡只会更强于我。当然，我无从知道他当时的情况。但是，梁启慧记住了他站在大山前那句意味深长、令后人遐想无限的话。面对这片丽景仙境，曾周面对山谷，放声慨叹："这样一片美丽的地方，我真希望永远待在这里！"其实，这样的感慨算是人之常情，面对美景每个人都闪过如此的想法。但是，一语成谶，这一次，曾周真的就留在了这里。

和"口哨"的故事一样，似乎很多地方、很多土生土长的人们都会有一些既古怪又具有几分道理的规矩。以前，我的一个年长我很多的师兄给我讲过他儿时在新疆的

▲光头山上的木屋

一件事情。我的这位师兄是随父母从四川迁居到南疆，在20世纪60年代的儿时记忆中，他的生活里有很多参天大树。这些大树既是他们攀爬的玩具，也是他们避暑戏耍的天地。他那会儿印象最深的就是维吾尔族老人成天没事干，就去折几根红柳枝，然后一截截地插到院墙底下，待这些柳条生根发芽。他真的看到这些树苗长起，也了解到很多人家院墙边的红柳就是这样长成。但是，后来随着内地人的逐步迁入，这些成材的树木或者被偷伐，或者被以各种理由明目张胆地砍掉。最为可悲的是，这些人只是一味地砍伐现成的树材，而不再有心思栽种。其实，维吾尔族老人的做法也许并非他的个人行为，而是那片土地自古流传的一种惯常行为，是那方天、那方人的和谐统一。

还有一件事情是我在云南省红河州的见闻。我的理解，在那里瑶族人算是土生土长的民族。在红河州我见过了有生以来所见到的最大的山。无论燕山、贺兰山、秦岭、巴山、祁连山、天山，还是昆仑山，穿行于它们的沟谷之中，你只会看到刀削一般、立陡嶙峋的层峦叠嶂，尽管它们很高，甚至很白，你却无法感觉出一种宽广与浩瀚。但是，跨越在红河州的大山上，你会看到那一片片辽阔的缓坡穹顶上，爬满了一道道梯田，然后在远远的一座“大圆顶”上坐落着几排房子，而当左突右绕到近前，你才会发现那不仅仅是几排房子，而是一个村镇，甚至一个现代化程度极高的县城。是的，这红河州的大山能够承载得下一座县城，但远远望去，它依然就是一座“缓坡穹顶”的大山。来云南之前，我一直以为梯田是一种舶来物。来过云南，尤其是红河，我才发现，这是一种自古有之的耕种形式。瑶族人世代耕种于此，他们的生计早已与这片土地融为一体。每每望着这片庞大的深山大谷，都会慨叹这份耕种的辛劳，因为只是从山上走到山下都得半天时间，更别说这一层层顺势而列的田地。

这里的梯田是耕种水稻的，但是我一直没有考虑过这水稻种植的水从哪里来。直到有一次我在山顶的一片林地里采集时，我才意识到这个问题，并发现了这方人们的聪慧和精巧。这里虽然山大，山上也郁郁葱葱，但基本都开垦耕种。开始我只是想当然地以为这里雨水充沛，这些田地都是靠天吃饭。而当我进入那片方圆百里少有的山头林地时，看到里面的潺潺水道，终于意识到，这些田地未必就是单单靠雨水浇灌。而是配套有一片林地——一个天然“蓄水池”。这大概就是为什么所有的山头都不能见到成片的树林，而这里有一片树林，还有一条条引流小渠。这应该是瑶族人世代生活在这方水土，融入这片天地的一种方式。他们在极大地开发了周围的山林之后，依然能够为自然留下一个“活口”，从而为后代留下一片生路。

那么在佛坪山中，人们也有一种规矩。那就是遇到慌不择路的野生动物时，都要尽量放生和救护。因为，当一些鸟兽惊慌逃跑时，一定是受到生命威胁，这时山里人都不会“乘人之危”，充当“渔翁”。细思一下，这里包含的内容很多。不乘人之危是一种“德”，有些儒家的味道；对临危的生命给予放生和救助是积德修福，有些佛家的思想；放生有能力从危险中逃生的动物，是一种不以人力干预自然法则的行为，这又有一种环保的观念。总之，不论如何解释，生活在秦岭山中的人们的确有这样一种约定俗成的习惯。

下午去的比较巧，几位老朋友都在局里，同他们见了面、叙了旧，办好手续就到了四五点钟。

这天晚上，我们在邮电宾馆的平台的上挂了一个诱虫灯。其实邮电宾馆的背后正是流经佛坪县的椒溪河，河道宽阔，河水较急，但远远没有占满整个河道，河的对岸是一面立陡的大山。如今，县城在对面修建了沿河栈道，同时安装了一些照明的路灯。大概是路灯的影响，这诱虫灯的效果很差。第二天一早享受了菜豆腐、热面皮，拎个捕虫网在县城周边转悠了一个上午，待到班车的时间差不多，就退了房去等班车了。其实，此时我并不看好县城的采集环境，一来人多，二来这里环境遭受人为破坏和侵蚀较为严重，所以不应该成为理想的采集地点，更何况我要捉的还是一个“不太常见的物种”。我们在车站早早上了车，等到发车时间快到的时候司机过来。

看到司机我心中一乐，这么多年那个司机一点儿都没变，不仅人没变，连模样也是我记忆中的样子。他正是从十多年前开始，一直载我往返佛坪和岳坝的那个师傅。他姓杨，是岳坝乡当地人，是那种惯常见到的“精明”“能人”角色的司机。

这天下午快到日落的时候我们才到达岳坝。这个时候的岳坝不像十几年前，全乡有接待能力、提供住宿的只有河头的村长家。而这一次，农家乐开遍了整个岳坝乡，食宿都很方便。我们落脚后，我就提网去捉虫了。片蟋是一种叫声明亮，并且十分喜爱鸣叫的昆虫。因此，在这里转悠一遭，一无所获，我多少有些不好的预感，似乎我的方向错了？我依然对这片福地抱有期望。于是，我决定继续深入保护区，往大古坪去。

10多年前，从岳坝往大古坪的路还是石子路，现在已经在村村通公路的政策扶持下铺上了水泥。不过，这路跑的汽车少，而摩托车是路上的主角。我们是两个人，找不到合适的车子，所以算是忆苦思甜，我决定带着同伴步行前往大古坪。毕竟很多年前在石子路上也一次次地磨过这对“健步”。就这样，我们第二天上午吃过早饭就开赴大古坪了。虽然都是水泥路面，但路边的风景如故，每处田地人家、每处山林、每处河湾、每处坡道还都能回忆起它们的样子。天公作美，这天爬坡的时候没有烈日炎炎；出来时候阴天凉爽，等上到高处，感到疲倦又大汗淋漓的时候，来了一阵小雨，衣服淋透，但汗水被洗去多半，倒也凉快清爽。中午时候到了大古坪村，我直奔保护区管理站去了。管理站也与从前不同，生活条件改善不少，如今这里有了楼房，有了舒适的装饰，也有了敞亮和整洁。许多年前这里只有一排宿舍，房间用石头和红砖垒砌，每间房摆放4张床。幽暗的白炽灯和漆黑的水泥地，夹带着几分潮气……这一切都还历历在目。此时站上只有一人——老刘，我以前在这里落脚时候，跟他有过交往。大概往来的人太多，他看我面熟，但记不起我啥时候来过这里。毕竟是10多年前的事情了。因为老刘在，大古坪的食宿都安排得十分舒适。但是，正如我在岳坝所预感的，这里也没有一丝一毫片蟋的动静。在大古坪工作一晚，我白天又往西河方向走了一段，基本判断这个地方没有我要找的片蟋，而原因也许就是海拔和气温的关系。于是，更高处的三官庙行程被我取消，我决定在大古坪采集两天其他标本就返回县城。我把想法告诉老刘以后，他告诉我这两天局里会有车上来送东西，这样我们可以搭乘他们的便车返回县城。

回到了保护区管理局，我们重新去了邮电宾馆。其实，我这会儿还是略感压力，大老远从长春赶来，这么多天却没啥收获，想想是有些惶恐。而现在，在我猜测片

▲大古坪村

蟋更可能分布在低海拔、高气温的地方的时候，我就已经将“宝”压在了这个采集环境一般的县城了。这一晚，我的精神十分集中，似乎除了找到片蟋，再无其他事情值得我去关注。在邮电宾馆安顿好，我就一个人去了多年前捉到那只“珍贵”片蟋的河岸了。那会儿正值饭点儿，但是沿途任何食物的飘香都没有勾起我的兴致，包括我喜爱的那家热面皮。到了南边大桥，此时的光景跟几年前已然不同。当年长有那丛绿化灌木的路边花池已没了，代之以地砖铺就的人行道台。因为紧贴山边，所以道路内侧还是老样子。夜幕渐渐落下，我在三三两两散布的人群中来回搜索着。有些常见的地栖蟋蟀，也发现几只爬出土壤的短翅小蝼蛄，它们也是一类别具特色的物种。当天完全黑下来的时候，我在一处山崖听到一连串美妙的声音，心中暗喜，这里果然有我想要的东西。

片蟋鸣叫时双翅会完全竖起，这不同于其他地栖的蟋蟀种类，那些蟋蟀叫的时候，双翅与身体之间夹着一个锐角。这两种叫法的区别便是前者的声音指向性不明显，而后者的声音具有较强的指向性。这一点对于生物的环境适应性不好评价，但是对于人耳的感觉却十分明显。片蟋的这种叫法我暂且将它描述成立体声的叫法，因为在其周围，你会感觉所有的空间都充斥着它的声音，而当它处在高处的时候，那声音更会环绕着你的双耳，令你无法辨别其方位。此时，那山崖峭壁上伸出的那棵高树上，正好有一只或者几只片蟋在鸣叫。但是，走到近前，根本无法知道它位于哪根树杈。况且，在山崖的峭壁上伸出的这一树枝，距离我有五六米远，即便看到它，似乎也极难下手。

听到片蟋的鸣叫后，我的心稍稍放松了一些。毕竟找到了它们，只要有耐心总是能捉到的。于是我放弃了这处险境，继续游荡，往别处去寻找更好的机会。一会儿，又在一个缓坡下面，长着一棵高大乔木，越是靠近大树，那悦耳的声音就越强。这精灵躲藏在这棵树上是肯定的了。来到树下，我循着声音扬起了头，尽管有着手电强光的照射，我依然看不到除枝叶以外的东西，只有那巨大的声音在我头顶、在我双耳、在我周身回响。我又试着用手电搜寻了几遍，但是依然看不到任何东西。片蟋体色翠绿并有褐色或黄色斑块点缀着，它们往往躲在叶柄的部位，与树叶和周围的枝杈浑然一体，极具迷惑性。这样的保护色，带给了它们极好的伪装。这不仅可以减少被捕食的概率，也对我这个捕猎者造成了障碍。因此，我决定再次放弃这个位置，继续去找寻合适的地方。去时我是贴着山找的，离县城越来越远，于是我开始往回贴着河岸走。也许是夜幕深沉下来，也许是温度、湿度适宜，总之，在听到一两只片蟋的鸣叫之后，越来越多的地方响起了它们的声音。不过，它们所占据的刁钻位置依然不让人乐观。我继续沿河岸走着。因为北面大桥下面修了一个挡水坝，大概是为了上游城中的水量大些，方便人们休闲，所以我这会儿所处的位置只在河道中央有一道窄窄的缓流，而河道两侧已经长满了荒草。河道中也有几个人在游走，还有几个小孩儿在嬉戏。正走时，我左耳听到了些微强烈的叫声，似乎就是从河的一侧传过来的。我继续往前走，声音越来越大，我断定它就来自椒溪河的一

▲蟋蟀鸣叫时双翅竖起，相互快速摩擦产生声音

侧。再往前几步，我顿时会意了它们的方位。前方河岸下面是立陡的护河堤，而在护河堤顶部与路面的交接处，一棵树斜斜地伸了出来。这个位置在片蟋看来应该很符合它们对环境的选择——陡崖边的乔木上，但是，对我来说，这个“高树”是我站在岸边的护栏里，伸手就能够到的地方。看到这样的一处位置，我几乎开始感谢起上苍对我的眷顾。

我循着声音靠近那棵“歪脖树”，几乎所有的枝叶都处在我能俯视的视角下。我把灯光打到枝叶上，按照声音的方向仔细地扫荡着。来回几次，当照到一个地方的时候，声音没了。我心中顿喜，因为我知道躲在那里的片蟋显然因为光照的影响警觉了起来。于是我双眼盯在那一处，挪动脚步。终于，在两片叶子之间，我看到了它们的身影。那是一种饱含激动的喜悦，是一种踏遍铁鞋无觅处的惊喜。然而，这种欢喜并不通透，毕竟它们还是自由的，尚不能成为我的标本。我下意识地抬起了网，但是，此刻我不知道该如何下手。一种是兴奋之余的些微紧张，另一种，我在这个位置下网确实没有捕获它的把握。它正处在树枝丛生的枝叶内部，网兜根本无法将它包裹进来，甚至在我触动周围枝叶的时候或者会惊动它，或者会打落它。望着它，听着它的鸣叫，我渐渐的焦躁起来。大约五六分钟，我也想不出好的办法来，冲动和侥幸顿时取代了我的理性和担忧。于是，我对着目标狠扫一网，那一网下去，似乎整个世界都停滞了，在忐忑和兴奋中，我收起网兜，观看是否撞到大运。看过之后，我失落了起来，网兜里除了几片叶子根本没有虫子。而我反过头再看“歪脖树”的时候，不仅没了虫影，也没了声音！

一阵懊悔涌上心尖，不难想象，在片蟋刁钻选位的时候，我遇到了这样一处便捷的地方实属不易。我推测是将虫子打落到了河滩，于是找了一个豁口直接下到河滩去碰碰运气。花了10来分钟，终于来到那棵“歪脖树”的下方，可是，我还没来得及在树下的河滩搜寻我的片蟋呢，头顶上又回荡起了那迷人的声响。我没有多做停留，提起网子飞快地往岸上奔去。当我气喘吁吁的回来以后，那声音并没有停止。我安心下来，并再次尝试捕捉，而这一次“它”停留的位置并不比上一只方便。于是，我又一次失败，但我这回没有急急下河，而是多等了一会儿。大概如此往复了三四次，我放弃了这种急功近利的网扫方法，而是冒着中途失之交臂的风险，一点点地将它停留的枝干拉近我。我一点点地操作着，一旦被察觉我就扯着枝干停留一会儿，待它继续鸣唱时我再继续拉扯。我发现，如果匀速拉扯，甚至稍有震颤它也不会在意。想想也是，在树梢上栖息，怎能不受到枝条摆动的影响呢？些许微风也会扯拽起树冠的枝叶摆动起来，它们也许早就适应了。就这样，我“假装”淡定地将那个枝条扯近，并放入了网兜中。万万没有想到，这个一心想要的“宝贝”就这样没有波澜地“放”进了我的网里。大概从下午6点多开始，我在这个河坝逗留到晚上十一二点，捉到了五六只珍贵的研究材料。来时街道喧闹，回时早已门户紧闭，了无光亮。后期在我研究标本的时候，我发现这批标本骨化得较弱，于是推断那会儿大概是它们集中成虫的早期，所以数量相对稀少，栖息环境也比较难于采集。而后来在晚些时节过去，这类蟋蟀采集起来似乎容易很多了。

▲橙柑片蟋 *Truljalia citri*（图片提供：张韬）

"蟋部"之旅

第三章

海岛弯脉

来海南的这次采集收获一般，也许因为季节，也许因为装备，也许因为采集点的选择，总之，获得的标本无论数量，还是种类都不令人满意。这次采集我们入岛后直达三亚，然后从那里往乐东，到琼中，最后在文昌终结行程。我们在三地辗转了1个多月，常常遭遇灯诱效果不佳、暴雨以及台风的骚扰，以至于我在琼中黎母山的时候，总结出了一套山中小气候的规律。那会儿在黎母山的几天，每天早上都是万里无云的大晴天，上午时分烈日暴烈得像要撕破人脸一样。但是，每当中午12点半左右，云彩会立即聚集，由白色逐渐转黑，接下来就是倾盆大雨，一直下到晚上六七点，如此往复，从不停歇。于是，我简单理解成正午时候山林中的水汽逐渐蒸发到大山上方的天空，当水汽接近饱和的时候便倾盆而下。只是黎母山那几天的湿热条件恰到好处，所以这套简单的液态水和气态水的物理循环才如此显著。这种情况下，只要大气候无风，那么水汽就一直会驻守山林。后来，我发现在其他的山野中，这套解释也依然适用。靠它估计小气候，有时会比天气预报还准确。尽管收获不佳，但这么多天奔走在绿水青山中，也不会颗粒无收。弯脉蟋，一种我迄今见过的最艳丽的大型蟋蟀就是我奔波后得到的奖赏。

乐东尖峰岭

在多年的采集经历中，对于生境质量的评价，我几乎形成了一套百试不爽的评价标准。而这个标准就是——我是否被蚊子叮咬。在我经验中，所有靠近人居的地方，蚊子会很多；所有人工造林的地方，蚊子会很多；所有植被种类单一的地方，蚊子会很多。而在少人居、多自然林的地方，能被蚊子叮咬一下的概率很低。这个经验源于一次对话。那年，陕西的佛坪国家级自然保护区还对外国人开放旅游。在山顶上的时候，和我们一起住木屋的德国人问我，为什么你们中国的林子里没有蚊子。就是这么简单的一问引起了我和

▲热狗弯脉蟋 *Cardiodactylus haddocki*（图片提供：董佳佳、Tony Robillard）

▲2009年海南采集时在海边小憩

他同样的疑问，由此便开启了我对于各种环境中蚊子多少的观察，从而得到了上面那些过于感官的“经验”。虽然这种总结既不全面，也不严谨，但是，我的这条定理不断地在祖国的大江南北得到验证。

在海南乐东，有一座著名的尖峰岭。这里风光怡人、物种丰富，是甲虫圈、蝴蝶圈等各类虫友所热衷的地方。在尖峰岭的下面有一个以此山为名的小镇——称为尖峰镇。尖峰镇不大，是进出尖峰岭的必经之地。因为地处旅游胜地，小镇子反倒十分热闹。镇子边上有一片林场，现在已经是华南植物研究所的热带植物研究实验站。在这里，我就感受到了两种环境下，蚊子们猖獗程度的差异。在长期遭受蚊子迫害的残酷环境中，我曾不断尝试各种驱蚊的办法。花露水、风油精或者清凉油这些东西基本无法形成对蚊子的“免疫”功能。所以，这次在海南我试用了一种从渔具店买来的专用防蚊剂。因为钓鱼的人必须活动于各种湿地湖河，这些地方是蚊子最容易滋生的地方，而在漫长的垂钓过程中，单单靠意志力去忍受蚊子的叮咬显然不太现实。基于这样一个原因，我十分坚信，这种渔人专用防蚊剂必是一剂防蚊良方。我们在尖峰岭的热带植物实验站停留了两天，广泛采集园区内的蟋蟀标本。当时，跟我们一起在园区内工作的还有几位军事医学科学院的同行，他们从事卫生昆虫的研究，而采集对象正是——蚊子。看上去这些同行的采集工作比较轻松，只是在林子里挂一个底下配有收集器的低瓦数黑光灯，就可以坐等大量蚊子入“瓮”。起初也没有在意他们在这个园区收集蚊子的原因，想想跟我们差不多，只是随机选择了一个方便采集的区域。但是，历经两天的采集之后，我发现这些寻蚊的同行对于他们的采样地是有明确选择的。因为，待了两天之后，我已经无法忍受这里密集的蚊子，并且感到蚊子的叮咬已经完全影响到了我的工作效率。

我买的这种渔人专用防蚊剂是油脂性，涂抹在身上就如同一层层厚厚的油脂。它的功效显著，并没有辜负我对它的信赖。但是，百密一疏。在密集生存压力的刺激下，聪明的蚊子总能找到人类的弱点。有一天早上，我涂抹好防蚊剂，自信满满地到园子里的一片林地去采集。尽管热辣的太阳高高悬在天上，林地里却很阴凉，只有几束光柱从枝叶间穿过，在地上投射出一个个耀眼的光斑。几只艳丽的奥蟋在我脚下的小道上奔来跳去，红棕色的身体上“穿挂”着一件马褂一般的黑色翅膀，而翅膀的边缘装饰着一条白线。奥蟋属于癞蟋科，又名鳞蟋。这类蟋蟀十分特别，不仅前翅常短小、缺后翅，在它们的身上还常常披挂着一片片如蝴蝶、蛾子一般的细小鳞片。用手一碰，这些鳞片也会像鳞翅目昆虫身上的鳞粉一样，粘到一手都是。就在我欢喜地观看这些奥蟋，并打算捕捉一些的时候，顿感手腕下一痛。心知是被蚊子袭击，并且开始抱怨起我的避蚊神药。我痛苦地将左手腕抬起，想看个究竟。在我翻抬手腕、低头查看这一系列动作时，我的手腕下面并排趴伏着3只伊蚊，无动于衷地

▲锤须奥蟋 *Ornebius fuscicerci*（图片提供：张韬）

▲台湾奥蟋 *Ornebius formosanus*（图片提供：张韬）

吸食着我的血液。我不由苦笑起来，手腕下的这一小块地方正是喷涂防蚊剂的“盲区”，所以才让它们有机可乘。这件事一方面证明了我的防蚊剂确实有效——喷涂和没有喷涂的地方形成鲜明对照；另一方面，也证实了这3只蚊子的聪慧和高尚的团队观念——即便这么小的一块儿地方，它们也懂得谦让和分享。

鉴于山下的“痛苦”体验，以及对机灵蚊子的防不胜防，我们打道向山上迁移。尖峰岭的风景区和保护区重叠，我们居住在山顶的宾馆。由宾馆往山下步行20分钟有一个天池风景区。曾经有一部军旅电影叫《冲出亚马逊》，讲的是中国特战队队员参加国际军事大赛的事情。据说，片中的“亚马逊”集训基地就是在这个天池。不过，或者因为片中只是部分情节取景于此，或者景区并未保留拍摄布景，所以我们并没有发现哪里才是这部电影中闪过的背景。其实，这个半山腰的地方也集中了不少人家，并且还有一个海南师范大学的实习基地在这里。自从上山以后，我们再也没有被蚊子叮咬，而我也慢慢放弃那个油腻、难看的防蚊剂了。或许是因为山高而蚊子分布较少？其实，我感觉是因为这里生态环境好，所以蚊子才少。在一个良好的生态系统里，所有生物都存在于一种动态平衡之中。系统内部的生物彼此依存而缺乏与系统外生物的任何交流。比如，尖峰岭山上这样一个良好的生态系统中，蚊子的数量是由山中的生物网控制的，它们的消耗和被消耗在这个生态系统中就能顺利完成；而作为系统外的生物——人类，也许根本就不是它们的“菜”。

这个经验在东北的长白山区也得到了印证。我们在长白山一般会经常去两个实习点，一个是靠近露水河镇红松林种子培养基地；另一个是距离露水河两小时车程，称为五道江口的地方。红松林种子园是一片片人工松树林，园区的建设目的就是培育和保持各种优良的红松品种。所以，这里不仅靠近城镇人口聚集区，还是一个人工种植区。这里是我一次次实习中最最头疼的地方。因为这里也是蚊子密集的地方，而且东北林区的蚊子，个头大，“毒性”强。每每到此，我都得戴手套作业。作为一个职业昆虫学从业者，这套行

▲红松林种子园

头实在是对我的专业性的讽刺。插一句题外话，其实被蚊虫叮咬后，肿痛瘙痒是人体的一种免疫反应。如果人的体质不是十分敏感，蚊虫叮咬后的个人反应也不会十分显著。所以，东北林区的蚊子只能说对我“毒性”强，毕竟我在这里被叮咬的还不够多。相反，五道江口是一个我最喜欢去的地方。虽然舟车劳顿、长途跋涉，也着实辛苦，但那里不仅有很多别处见不到的蟋蟀物种，有鲜美的刚刚打捞上来的冷水鱼，而且无论白天黑夜，还是阴凉暴晒，你都不用担心会被蚊子叮到。

琼中五指山

五指山，海南岛的风景名胜。问我对这里最深的印象是什么，肯定是蚂蟥，一种类似于水蛭的陆生环节动物。旱蚂蟥呈蠕虫状，黑褐色、细密分节的身体，运动起来如尺蠖一般。所不同的是，尺蠖交替着落它们体前和体后足，凭借身体的曲张来移动；而蚂蟥用来交替附着的运动器官是位于它们体前端或体后端的吸盘。蚂蟥“行走”起来很有意思，它们每每体末端吸盘附着之后，就会直起身子，探出“脑袋”，似雷达一般四处扫描，找寻它们的“下一步”落点。在旱蚂蟥前端口内，具有三瓣角质的牙齿，它们就是靠这三颗牙齿咬破动物皮肤，然后美美饱餐。当然，因为这个小小蠕虫的取食对象常常是大型活体动物（包括人类），所以它们会向“餐盘”里涂抹两样重要的佐料：麻醉剂和抗凝血剂。麻醉剂是为了麻痹“餐盘”，以保证它们能够优雅地吸血；抗凝血剂是为了防止“餐盘”中的美食凝结在一起，影响它们进食的速度和乐趣。拥有了这些特点，旱蚂蟥就可以轻松地将自己线状的身体因“充血”而变作一个“肉球”。当然，这也就是为什么人们被蚂蟥叮咬后经常毫无知觉，并且“血流不止”的原因。

其实，在我之前的生活经历中，很少有接触到蚂蟥的机会。即便是这种旱蚂蟥，也只生活在温暖湿润的山林之中。作为环节动物，它们应该跟蚯蚓一样，需要依靠湿润的皮肤来辅助呼吸。不知大家有没有注意过，在历史剧中，红军的标准装束中都会有一副绑腿。以前我总是以为那副绑腿是为了着装整齐。因为加上这副绑腿，革命先辈们看上去的确要精神许多。直到我的生活范围和认知界限被寻虫的种种经历所突破，我才知道了绑腿的用处和蚂蟥袜的存在。比起缠裹烦琐、技巧要求较高的绑腿，蚂蟥袜是一种预防蚂蟥叮咬的绝佳选择。蚂蟥袜就是一双白色棉布缝制的长筒袜子，可以包裹到小腿，在末端有用来扎口的带子。有了蚂蟥袜，那种阴险的“吸血蠕虫”就需要延长它们的运动距离，并且暴露于衣裤之外，增加了它们被发现的概率，从而减少或禁绝被蚂蟥叮咬的危险。为什么是棉布袜呢？如果是针织袜，无骨的蚂蟥能够穿过细小的针织孔缝完成它们的快乐的进食。

但是，在山林中是否真的随着包裹的严实而促进安全性的增加？这个问题的答案也许会仁者见仁，智者见智吧。但是，我的经历让我认为，包裹得太严实反倒不是什么好事儿。就是在五指山采集的时候，我的一个师弟身着迷彩、脚套蚂蟥袜，全副武装、包裹严实，几乎做到了万无一失。但是，待到中午返回驻地，发现T恤右侧腋下的部分已经鲜红一片。原来，我们用捕虫网扫网的时候，有些蚂蟥会上网，然后在你没有注意的时候顺着捕虫网的杆子爬上你拿网子的手，并趁机钻进你的袖口，而后面，发生在衣服内侧、视线之外的事情似乎都与“献血者”无关了。这种顺着网杆攀爬上来的吸血蠕虫我也遇到过几只，但有些是发现在网杆之上，有些是发现在手上，而有些是发现在裸露的胳膊上。而我，因为怕热，在野外几乎不会着装长袖。

在我没有使用蚂蟥袜的时候，也有过被蚂蟥啃咬的经历。当时小腿上，在脚踝稍向上的位置，在它的某一口撕扯中，我感受到了

▲旱蚂蟥

些许的疼痛，并及时地发现了它。即便在它吸血之前发现，那个能看到的微小创口也依然渗出了不少鲜血。所以，即便蚂蟥进化出了一套完善的寄生机制，但也不是完全不能觉察。在东北林区有一种俗称“草耙子”的吸血蜱虫，在空腹的时候，它们的身体如同两片薄纸叠在一起，几乎轻轻一吹就能飘起来。而它们也是吸血于无声无息之中的“坑人”高手。但是，如果熟悉和加以注意，也依然是可以感受到它们在身体上攀爬的微弱触感。当然，在某些特别的地方，当这些吸血“害虫”聚集的时候，会有一种让人难以招架的感觉。在我的记忆里，关于蚂蟥，五指山就是这样一个“特别”的地方。

一次我在五指山的一条沿山公路采集，路边有些面积不大的草坪，并且刚刚被人用割草机修整过。草皮很低，都不能达到我的脚背；即便在赤道的晌午烈日下，也依然挂着一粒粒晶莹剔透的露珠。因为这两天一直有人被蚂蟥咬伤，所以，即使这样一点儿草皮，我也略感忌惮，所以有些眉头发皱。但是，所有蟋蟀能够栖息的地方都会对我产生巨大的诱惑，而针蟋一类的小型蟋蟀恰恰喜欢生活在这种低草环境中。于是，我毅然决然地跳进了那小小一块儿草滩，以迅捷的速度挂着草皮扫了10下捕虫网，然后又迅速逃回公路。昆虫采集有时候是一种十分悠闲的活动，尤其在这种路边的简单环境中，轻松地扫上几网，然后看看网中有没有需要的东西。有呢，就拣进活虫盒或者毒瓶；没有呢，就翻过网兜，将网里东西倾倒干净，然后继续扫网，所有的动作连贯而松弛。但是，这一次因为蚂蟥的存在，我不仅没能惬意地扫网，也没有在扫网后第一时间观察自己网兜的情况，而是急匆匆清理起腿脚上的蚂蟥。低头俯身，已经有蚂蟥在我的腿肚子上“扫描”起下一脚的落点了，于是网口一扎，开始清理工作。我一边拔掉脚背、脚踝、小腿上的蚂蟥，一边清点着它们的数目——48只。在10秒钟左右的时间，在一块约10平方米的草皮上，竟然有48只行动速度与蜗牛相当的吸血蠕虫爬上了我的身体。

文昌铜鼓岭

如今说起龙楼镇也许很多人都会熟悉，即便陌生，提起另一样东西，你也能够立即联想起它的形象——文昌卫星发射中心。我去龙楼的那年，文昌卫星发射中心还未开始建设，而征地之类的事情都发生在后来。那会儿龙楼镇只是文昌市下辖的一个滨海小镇，区内有这样几个重要的地方：铜鼓岭，是个旅游景点——可以攀山望海；铜鼓岭自然保护区下辖的云龙湾生长着大量珊瑚。当然，我们来到这里只为铜鼓岭，因为这里是海南岛东侧一个重要的山地环境——我们期盼着以此为居所的特有的昆虫物种。我们从琼中出发，到文昌市后转车到达龙楼镇。龙楼镇不小，也许因为地势平坦，或者是近海口的旅游胜地，所以街道繁华、店铺林立，宾馆、大排档随处可见。在东南部有一片海滩，是珊瑚保护地；在东部偏北即进入小山，到达铜鼓岭，绕过铜鼓岭就是统称为鳄鱼湾的地方——一片海水养殖场、一个小渔村和一个保护区的站点。

▲铜鼓岭鳄鱼湾

湛蓝的海边崖顶，夕阳慵懒地撇着眼睛，立身眺望着远方海面的斑驳。海鸥不时从眼前掠过，将视线引向远方豆粒般的巨轮，又带到若有若无的小岛。鳄鱼湾的海滨就是一张趴伏鳄鱼紧闭着的大嘴，狭长突兀，好似饱餐后在阳光下休憩，又好似观望着条条渔船，等待渔民丰收归来。这就是我现在回想起铜鼓岭时，常常浮现在眼前的一番情景。初到铜鼓岭是一个傍晚，我们见到了最清静的沙滩，听到了最嘹亮的汽笛，吹到了最舒爽的海风，也尝到了最新鲜的海鱼。

月亮湾是铜鼓岭北侧一个辽阔并且弧形优美的海湾，海湾处有一个出海口，而海口内就自然形成了一个渔村。刚到铜鼓岭的这个美丽傍晚，似乎所有的感官都得到了满足，但是，当夜色渐近的时候，肚子里还没有着落。于是我往人多的村落走去，昏暗中我行走在宽大的土路上，偶尔从身边开过一个“口气震人”的拖拉机，带起一丝丝浮土把我们留在了后头。我们越过虾塘，伴着路旁的虫鸣蛙叫来到了一条“小街”。这个街道只有靠河的一侧有一排低矮的木屋，远远地我怀疑起了这里是否能够解决我们的晚饭问题；待走近这些木屋，看房里猜拳擦掌，闻阵阵油烟鱼香，瞬间口中生满了口水，伴着几下吞咽，辘辘饥肠得到了慰藉，居然不那么饿了。进到一家店里，烛光一般的白炽灯泡让房间显得暗淡和宁静。我们找地方坐下，等了半天并没人招呼我们。我起身进到灶房，老板才问我们是否带着鱼来？原来，这里的店铺专为渔民服务，是人们出海回来吃饭的地方，而店家并不备料，所有海鲜都由渔民自己提供，店家只负责加工。我无奈地摊开双手，说我们从外面过来，“自己哪里来的鱼啊”。店家笑了一下，示意我坐着等等，她帮我们想办法。在座位上，我环顾着四周，昏暗的光线下只能看清每桌上满满的白碟白碗，还有黝黑浑圆的脊背和若隐若现的、被吮吸着的香烟；人们在兴奋地拼着酒、聊着天，似乎在尽力地缓解着渔船上的那份辛劳和紧张。大约过去了半个小时，老板端出了一个大碟子，里面落满了二三十条蒸好的小鱼，伴着清亮的酱油散发出阵阵鱼肉的香美。我和同伴就着大碗的米饭，顿时有了和同屋渔民一样的幸福感。这鱼味道鲜美，鱼肉自带咸味；少刺，两侧的鱼肉撕扯下来后，就剩下一条干干净净的鱼的椎骨，而再没有其他的细小碎刺；肉质嫩，咀嚼起来还带着几分韧性。我们一边吃着，一边将这满满一碟的“好”鱼估价在四五十块，并且坚定地认为它们很“值钱”。在一番风卷残云之后，我们满意地喊老板来结账，我也从钱包里拿出了一张100元等老板过来。店家过来先是问问我们吃得是否满意，并且解释我们来得太迟没有什么好鱼了，这是一个渔民剩下的几条小鱼。我们夸赞着鱼肉的鲜美，但不知老板能否理解我们的诚意。一番交流之后，老板才报出饭钱——9块钱？！——鱼肉加米饭。回来的路上，我和同伴都对饭菜的价格表示不可思议，并且天马行空妄图解释这之中的背景。我们甚至有些怀疑这鱼是有问题的，不然为啥会这么便宜呢?

后来，一个中午，当我们的大部队到达铜鼓岭后，我们再次来到这个充满“美味儿”印象的渔村。这次，在晴好阳光下，看清了这个渔村的全貌。还是那条小街，原来两侧都有木房，而加工食材的饭馆其实只有我们那天晚上去的这家，与它并排的木房和这家饭馆是一体的。饭馆背后就是通向入海口的那条大河，河面停泊着归航的渔船。因为很多渔船是夜晚出航在近海打鱼，我们到时，正是渔民们下货或下货完毕等待午饭的时候，因此，饭馆内，甚至整条“小街”都异常热闹。夜晚打鱼的方法有些类似我夜晚捕捉昆虫，因为我们都利用了动物的趋光习性。在夜晚出航的渔船上，你会看到架起的一排排聚光灯，正是这些灯光将大批鱼群引诱至捕捞区，渔民才得以施网抓捕。这一次，我似乎有了很多挑选的余地，饭馆老板让我们直接到渔民手上去买鱼，她帮我们加工。在渔民那里我们看到了花色各样的鱼，他们总会拿出一两条建议我们选择，多半是颜色靓丽的海鱼，挑选的理由就是这种鱼好吃。而我的理解就是，凡是长相特异的鱼类，就会被冠以“好吃”之名。我们在渔民的建议下挑选几条“好吃”的大鱼，享受了一次渔民上岸时那份幸福和喜悦，也理解了上岸的海鱼是能够分出三六九等。当然，这种“好坏”的标准我至今也不甚了解，因为清蒸出来、淋上一些酱油的海鱼，对我来说都很美味。而那晚左右可以利索地撕扯下整块鱼肉的“秋刀鱼”留给我的印象要远远胜于其他的那些美味。

第二天一早，我们离开保护站往海边的山上去采集。从保护站前往海边，需要通过一片林地，林地中的小路已经沙化，踩在松软的沙地上，好似行走在沙漠中，进一步退半步，显得十分吃力。就在这沙路边的树木上，零星“挂”着几个黄猄蚁的巢穴——几片树叶包裹起来的球状蚁巢。黄猄蚁搭建巢穴时，每只蚂蚁都有十分明确的分工。

▲黄猄蚁 *Oecophylla smaragdina*，工蚁（图片提供：王波）

有些蚂蚁会用身体将两片树叶拉到一起，贴合起来；当树叶彼此距离较远时，蚂蚁们会像杂技演员一样，一只踩在另一只的“肩上”，直到能够使树叶彼此贴合。这就是黄猄蚁，织叶蚁属的一个蚂蚁物种，这类蚂蚁主要栖居于树木之上，它们有一种特别的筑巢习性——用树叶来搭建巢穴。黄猄蚁将树叶拉到一起，树叶自己是无法粘贴的，它们需要由另外的黄猄蚁上前涂抹“胶水”才能真正实现无缝贴合。黄猄蚁使用的胶水十分神奇，而且自产自销，独一无二。黄猄蚁的胶水来自它们的老熟幼虫，工蚁常常用口含住一只幼虫，被挤压的幼虫即从口中吐出根根黏丝，在工蚁左右摆头的过程中，两片叶子即被粘贴在了一起。如此，在树叶被拉近和粘贴的往复工序中，一个硕大的球状蚁巢即宣告完工。因为这个特别的筑巢能力，黄猄蚁又常常被称为织叶蚁——一类可以“编织”树叶的蚂蚁。当然，黄猄蚁的特别还远不止这些。它们硕大而靓丽的橙黄色也是它们的特色之一，比起大而暗黑的日本弓背蚁、比起众多艳丽而体型微小的切叶蚁亚科的物种，黄猄蚁无疑集中了漂亮而易于观察的两个特点。除此之外，庞大黄猄蚁蚁群的分工协作与繁忙有序的工作场景也常常能够诱发人们的兴趣。在热带地区的林中，常常会看到大群的黄猄蚁一列列地在庞大的树干上列队活动——前往采食场或者从采食场满载而归。这队列中常常是每只蚂蚁“肩挑背扛”地往巢穴行动，偶尔也会有几只蚂蚁一起拖拽着“大型”猎物行走在队列之中。黄猄蚁隶属于蚁亚科，这是一类螯针退化，攻击力弱、伤害力有限的蚂蚁类群。但是，黄猄蚁有些例外，它们性格刚猛，虽然没有胡蜂一样的螯针，但是在受到侵扰后，它们群起攻之，利用有力的上颚反击侵扰者。

有一次在野外吊挂诱虫灯，在一片开阔土地上，一棵粗壮挺直的树干被我选中，作为绑绳的一端。因为傍晚光线较弱，完全看不清落叶上攀爬的小虫。当然，我也确实没有感到落叶上存在的威胁。在一片开阔、略显干燥的落叶层很少能遇到什么不适。然而，就在我靠近大树，踮起脚尖绑绳子的那一刻，我发出了阵阵尖叫，那一刻、十分突然的，我的脚踝、小腿、手臂、脖子，甚至身上几乎同时剧烈疼痛起来。那是一种将一块皮肤掐捏起来，然后用两根针左右插穿起来的疼痛。而凶猛的黄猄蚁在撕扯了你的皮肤后，如果不加干涉，它会强迫症一般死死地咬住而毫不松口。那会儿，我忍住疼痛，逃离那棵大树，在自己和同伴的协作下才清理完那一只只倔强的黄猄蚁。而此时才反应过来，那棵挺直的大树以及它的树根是这群黄猄蚁的天下，而我作为一个闯入者是不受欢迎的。

▲黄猄蚁 *Oecophylla smaragdina*，蚁后及卵

虽然心中发怵，但是头顶的烈日和几位同伴不安的目光都在催促我开始行动。于是，我咬紧牙关，果断地将蚁巢套进的网兜，一切似乎进行得比较顺利；我的同伴也顺势剪断了枝条。然而，在这短暂的时刻，“剪刀手”突然扔下剪刀跑到一旁去“抽打”自己了；而我的手背、胳膊也马上爬上来六七只张着大嘴的黄猄蚁。而我又能怎样呢，如果弃“袋”而逃，不仅前功尽弃，也一定会像捅过的马蜂窝一样让这群疯狂的蚂蚁完全失去控制，这样我们将更加被动。于是，我继续紧紧咬着牙齿，任由那些，甚至更多的黄猄蚁狂怒地撕咬我的手臂，然后，在同伴的帮助下，迅速扎紧“袋口”，在袋子里的大群蚂蚁被控制后，我才将装了蚁巢的网兜交给同伴，然后跑到一边去“拍打”自己——仿佛谢罪一般——毕竟我端了人家“老窝”。后来，在博物馆里，这群黄猄蚁被陈列在了密封的玻璃缸里，几个缸彼此用玻璃管连在一起，而这巢蚂蚁便通行在玻璃管中，往复于蚁巢和采食场之间。但是，我们和后来的养殖人员都忽略了一个问题，黄猄蚁的巢穴似乎都是安在活着的植物之中，待到我带回去的那个巢穴干枯之后，这巢蚂蚁便日渐衰落了。望着这巢灭亡的蚂蚁，以往那些被撕咬的疼痛似乎有些理所应当了。

对于我，铜鼓岭和龙楼镇因为两件事情而记忆深刻，一个是弯脉蟋，另一个就是老符的陪伴和照顾。但是，说起弯脉蟋来，似乎没有老符也不一定能发现。所以，在铜鼓岭和龙楼镇这个地方，老符就成了我的全部回忆。大概是老符在我的这段记忆里过于闪亮，以至于现在回想起来，所有和老符无关的事情都有些模糊和不确定了。跟老符相识的场景如今还历历在目。那会儿我一个人从保护站出发，登高上铜鼓岭。海边的山虽然可称为山，但的确低矮很多。老符是骑摩托载客的，他那会儿正在山脚下等人搭车。大概是因为中午，山下空空荡荡，只有老符一人仰天躺在自己的两轮摩托上。也许是听到脚步声，老符同志转脸看了我一眼；也许是为了拉生意，所以跟我搭讪。当然了，我直言要从小道上山捉虫，不走大道。没想到，这反倒引起了老符的兴趣。他索性把车往路边一锁，随我步行上山去了。

老符四十出头，面色黝黑，但相貌英俊；身材不高，但粗壮结实；十分健谈，一口普通话讲得极不普通。因为我小时候生活的地方人员混杂，什么口音都听过；而开始专注昆虫后，又经常游荡在祖国南北山川，所以，自我感觉还能与操各类方言土语的人无障碍交流，但是，到了老符这里，我似乎觉察到了自己的极限。直到现在，跟老符聊天，虽然能够正常沟通，但在这个长长的过程中必须时时保持极大的专注，否则沟通起来真的就不那么顺畅了。为什么要说“长长的过程”呢？因为老符一旦打开话匣子，那就很难合上。他是一个很爱聊天的人，而我恰恰是一个喜欢听别人说话的人；他喜欢讲他的经历和风土人情，而我也很好奇海岛人的生活方式和环境体验。老符领我游逛龙楼镇，捎我做客海岛人家，拉我观赏海湾珊瑚，还带我上铜鼓岭领略滨海夕阳晚霞。现在还能记起热情的老符带着我去他家里的情景。在大路旁边，有一条穿林而过的宽大土路连接的村落。傍晚的村中，家家院落门口都立着三两男女老幼，闲聊乘凉。老符家是一个白墙院落，房屋据他说已经很老，但是洁白的墙壁、高大的屋顶、方正的栋梁，丝毫感觉不到房子的古旧，反倒处处透着安详和踏实。老符有3个女儿和1个儿子，换作我，这样一大家子也许会让我感到压力沉重。但在他的身上却丝毫觉察不到他在看似繁重的压力下应该流露出的无奈。相反，我能够感受到的是无限的阳光和幸福。早年，他种种地、拉拉车，快快乐乐地就把家养了；后来，在儿女们需要外出读大学的时候，龙楼镇开始建设卫星发射中心，征了他家的地，让他有了闲钱去供养在外读书的儿女。现如今，儿女们上学的上学、工作的工作，在我这个旁人看来，老符等到了“收获”的季节，他真的可以继续保持自己憨厚面庞上充满满足感的欢笑了。

▲暗色拟长蟋 *Parapentacentrus fuscus*（图片提供：张韬）

我和老符一同穿行在铜鼓岭的山林中。铜鼓岭是一座滨海“高山”，它的东侧依海而立，远远望去，这山上的树木都似低矮的灌木，好像在海风和巨浪的胁迫下，所有的树木都虔诚地蜷缩起了身体，而丝毫不敢轻慢地抬首张目。但是，走到林中，那些“低矮灌木”的影子荡然无存，映入眼帘的是令人仰望的高大乔木。我一边用耳朵搜寻着蟋蟀，一边用眼睛扫视着地面、草叶和树干，时不时地同老符交流一些关于“虫子”的事情。白天采集蟋蟀的效率比较低，因为除了个别蛉蟋和地栖的蟋蟀亚科的种类，很少有蟋蟀会选择在白天的时候，用声音将自己暴露于“猎人”面前。相反，晚上是蟋蟀的盛会，几乎所有的蟋蟀物种，都会殚精竭虑地展示自己鸣唱的技艺，一时间，山野间嘹亮清脆、美妙动听的虫鸣之音此起彼伏，声响遍布着眼前那片空间的角角落落——从地面到高高的树干。而此时此刻，我在铜鼓岭山林中的搜索显得十分平淡，这种正午时间，即便在阴凉的树丛中，虫儿们也似乎都躲起来去打盹了。我漫不经心地游走着，老符似乎也感到了无趣，无聊地四处打量。就在这个平淡、无望和游走的时刻，老符看似无意地提示了我一句：“你看那树上的是什么？”顺着老符的手指，我看到树干上趴伏着三两只褐色黄斑的“大蟋蟀”。这几只蟋蟀立马就让我有了一种触电般的震撼——因为我从来没有见过它们，哪怕是在以前翻看过的文献里。而它们那种艳丽的色彩，更是突破了蟋蟀界对于“穿衣配色的传统”——作为食物链底端的蟋蟀们往往会选择平素的装扮来活命，而多半会忌惮这种靓丽的搭配。那一刻，我顿时抬起虫网，站好位置，屏住呼吸，双目紧盯“猎物”，一下将网兜“打”在了高高的树干上。幸运的我遇到了老符，得到了老符的指点，而幸运的我也侥幸一网就兜住了3只靓丽的“大蟋蟀”。我那个时候并不知道它们是谁，而在采集完毕，回到学校后花了很大力气才弄清楚它们的科属归类。

在东亚，只有我国台湾地区和日本有过弯脉蟋的报道，以前并无人发现这种颜色亮丽的大型蟋蟀在中国大陆也有分布。弯脉蟋属于蛞蟋亚科，亚科内包含种类稀少，并且很多报道记载于中南美洲。该亚科在我国记载最平凡的就是金蟋属，而且雷蟋、弯脉蟋之类只是因为在我国台湾地区分布才在文献中有所提及。弯脉蟋是一类习性和分布都十分特别的昆虫物种。这类蟋蟀不仅分布稀少，而它们近百种的记载无一不是分布于岛屿之上。在太平洋中东部，弯脉蟋记载于夏威夷群岛，而且种类繁多；自那里，一直向西延伸至我国。而在我们发现海南弯脉蟋之前，该属蟋蟀分布的最西端是在我国台湾地区，而在我们的工作之后，弯脉蟋的分布记录被再一次向太平洋西岸延伸。这是典型的因地理隔绝而彼此间发生了种间特化的生物类群。在广袤的太平洋上，弯脉蟋散落在星星点点的深海小岛，在漫长的自然历史进程中，它们彼此之间仍然保持着十分接近的体型、体色和形态，但是，它们每一种的雄性外生殖器的形态随着它们分布上的距离而彼此表现出不同程度的差异。

同样是在丹尼尔·奥特研究之前，弯脉蟋的种类记述并不多。一来是因为它们没有被集中发现和整理；二来是因为很多标本发现后，都被给予了相同的命名，因为它们的形态的确彼此相像。而即便解剖过雄性外生殖器，发现了区别，很多机构和研究者限于研究资料和背景知识的限制，也很难将其正确命名。更何况这类海岛特有的物种，一般的机构和个人也很难找到合适的机会去采集或者获得标本。奥特大概是2006年前后研究了收藏于夏威夷毕夏普博物馆（Bishop museum）等博物馆的弯脉蟋标本，于次年发表了他关于弯脉蟋的研究报告。这份报告共记述46种弯脉蟋，其中39种是以前未被记载的种类。而其中也包含似乎分布于整个世界的新几内亚弯脉蟋。在很多文献的记述中，琉球群岛和我国台湾地区分布的弯脉蟋，都以新几内亚弯脉蟋命名。所以，一些囊括了我国蟋蟀区系的文献中都会依据我国台湾地区的弯脉蟋分布标明新几内亚弯脉蟋分布于我国。在奥特的文章里，对新几内亚弯脉蟋这种不太正常的分布方式做了一定的阐释，并发现很多所谓的“新几内亚弯脉蟋”仅仅是外形长得比较像。奥特的这篇文章是里程碑式的，这篇论文不仅促成了我们对于海南弯脉蟋的发现，也促成了法国自然历史博物馆工作人员托尼·罗比拉德（Tony Robillard）和董佳佳博士对这个类群广泛和深入的研究。这是后话，其实那个时候，在我没有检索到奥特那篇文章的时候，对于这些来自铜鼓岭的“漂亮”家伙，也是一筹莫展。

拿到奥特论文之前我是知道这些标本应为弯脉蟋属的物种，但是，将这些我国海南的标本与占据着截然不同的生物区系的新几内亚弯脉蟋相提并论着实有些疑惑。世

▲梅州金蟋 *Xenogryllus maichauensis*（图片提供：张韬）

界动物区系是以哺乳动物或鸟类的分布特征为依据，将地球划分为不同地理区域，区域内的不同动物在分布范围上具有相似性，而区域之间很少有跨区域分布的动物种类。尽管这种区系的划分主要来自脊椎动物的研究，但对昆虫分布特征的研究同样具有重要参考价值。海南所处的地理位置属于世界动物区系中的东洋区，而新几内亚则属于澳洲区。而我们发现的弯脉螽和新几内亚弯脉螽则分别属于这两个区系，并且在地理尺度上，它们之间的距离也实在太远。因此，海南的弯脉螽标本是否为新几内亚弯脉螽是需要我们谨慎求证的第一个问题。如果得到肯定的答案，这样的分布格局可以引导我对于动物区系的全面认识；但是，如果有机会否定二者的关系，那么我们将会面临另外一个棘手的问题——它们是谁？

这会儿，奥特的文章有了大用处。我们采集海南弯脉螽标本的时间是2009年，而奥特的文章发表于2007年。在奥特之前，弯脉螽这个类群的分类研究不是很清晰，很多种群间的关系究竟为种内或者种间尚难确定，比如众多的所谓“新几内亚弯脉螽”就是这种情况，而除此之外，还有众多岛屿分布的弯脉螽种类还仅仅以未定名的状态保存于夏威夷的某个博物馆中。如果没有奥特这篇文章，海南分布的弯脉螽大概也只能十分牵强地保持着“新几内亚”的定位。基于奥特的论文，我们轻松地解决了第一个问题。我们很容易地确定了海南标本绝对不是那种原本应该分布在另一个“动物世界”的物种。但是，海南标本是谁的问题依然没有解决。

还算幸运，有了奥特的工作基础，弯脉螽的鉴定就属于前一种比较容易的情况了。因为弯脉螽将近40种，彼此外形又十分相似，它们的鉴定多依靠雄性外生殖器的特征。雄性外生殖器包括众多骨化结构（几丁质骨骼），结构稳定，不易因为外力等作用使其变形；而外生殖器与雌雄交配直接相关，其形态的特异性在一定程度上是生殖隔离的反应，具有形态保守性。基于这两点，昆虫外生殖器的骨化结构常常作为重要和关键的分类特征，对属下单元的识别尤其有用。经过比对，海南的弯脉蟋标本的雄性外生殖器分别与分布在琉球群岛和菲律宾群岛的两种蟋蟀相似。如此，我们已经接近最终答案了。但是，接下来的辨别并不容易。有些蟋蟀物种间差异很明显，拿来一看，它们之间的区别说得清、道得明；而有些蟋蟀物种间差异很小，往往两个放到一起看，你会因为似是而非的状况纠结很久。

在处理这类问题的时候，我的做法常常基于这样一个观点：是就是“是”，不是就是“不是”。将同一时间采集的多个标本看作同一物种通常是没有问题的。因此，在对多个个体比较分析后，可以看出它们形态的稳定程度，并窥探出种内形态不稳定的地方以及它们的变化趋势。在这个基础上比较手上的标本和近似的已知物种便容易判断它们之间的异同。基于来自奥特论文的信息，我们最终认为海南的弯脉蟋种类是一个新物种。它被确认为首次科学发现，并以海南地名为它们命名。

"蟋部"之旅

第四章

云南"勘界"

云南作为中国生物多样性最为丰富的地区之一，它一直是众多昆虫人时时神往、恋恋不舍的一片福地。对很多“昆虫人”来说，对云南的认知也许会经历这样一番体验：入行时会充满好奇和向往，经历自己的处女行时会满含兴奋和惊叹，而自此以后，大家就会对这里生成一种家和家人般的绵绵情谊。

读硕士的时候，隔壁实验室的同学们曾组团去了云南，而那会儿我的论文内容仅限于秦岭，所以注定只有羡慕的份儿。还好那会儿没有朋友圈、没有微博，也没有智能手机。因此，那段羡慕算不上煎熬。然而，当他们返回以后，所有的口述和展示，却让人生出几分遗憾。好在，很多体型巨大、形态奇异、颜色艳丽的昆虫标本给予了羡慕者几分慰藉，虽然没能亲身前往，但总能一窥风采。它们就如同夜空中的斑点星光，伴着动听的故事彻底激起了我对那片福地的向往。时隔5年，在第一次踏上那片福地之后，我便因为各种采集或者会议的事情来到云南，时长时短，或者印象深刻，或者蜻蜓点水。回想的过程令人满足，但记忆的整理让人困顿。在多次采集之后，在繁重的采集工作中，我从某一次开始，养成了写日记的习惯。算是幸运，也算是偷懒，在众多的采集日记中，我翻到了一份关于云南的采集日记。那是2013年春季，也是云南旱季和雨季交替的时节，我和两个伙伴一同在云南度过了将近两个月的时光。如今翻阅起来，平实、粗糙，但真实而细致，它呈现了一个普通昆虫采集者如何用脚步丈量祖国的一隅。这是一段段普通而平凡的经历和见闻，却令当事人欣喜、焦虑、兴奋，抑或辛酸；这是分类学工作者的一个工作剪影，却能窥得他们的成长、信心和坚守。

由日记回忆到，我的这次采集一行三人，分别是采集叶蝉的清泉、采集蝴蝶的明生和采集蟋蟀的我。我们先进入河口，然后由东向西，分别经停河口、屏边、金平、绿春、勐腊、临沧、沧源、南伞和瑞丽等地，沿着滇越、老挝、缅甸的边境线开展采集。云南，这种热带、亚热带地区，不论四季，而论两季。我们说的是春夏秋冬，这里讲的是旱季和雨季。内地的季节以温度划分，而这里的季节以雨水划分。因为靠近赤道，温度相对均匀，但炎热本身会造成大量的水分蒸发，所以有生万物要趋避的不是寒暑变化，而是润燥。每年四五月份是云南干湿交替的季节，而此时又以升温为主，所以常常被选做昆虫采集的绝佳时机。

2013年 4月

25日

云南·河口

今早9点40分我们由昆明东部客运站乘大巴往河口，于下午5点30分到达。河口车站在市区外面，周围比较空旷，很多出租车停在车站外面，司机们都在拉客。初到此地，人地生疏，也无目标，索性随便找了一个出租车，到街里入住"兄弟宾馆"。晚上，我们又喊来下午那个司机捎我们去槟榔寨。我们把这里看作河口城郊，可以挂灯和夜采。也许因为现在已经天黑，或者地点选择的问题，总之，挂灯效果不佳，几乎未见蟋蟀上灯。

这一晚我基本都在河沟、菜地里翻腾，捉到一些长颚斗蟋和几种棺头蟋。另一只南方油葫芦隐身在树洞里，位置比较刁钻。虽然三番五次也未能捉到，但是我录制下了它在洞口鸣叫的视频。菜地中蟋蟀不多，但在叶面上见到很多其他昆虫，我顺手拍了些叶甲和虎甲的生态照。依照今夜情况，我们决定放弃此地，打算明天入住南溪镇，据说那里靠近大围山，希望能够收获一个好的采集效果。

▲长颚斗蟋 *Velarifictorus aspersus*（图片提供：张韬）

▲南方油葫芦 *Teleogryllus mitratus*（图片提供：张韬）

▲小棺头蟋 *Loxoblemmus aomorie*（图片提供：张韬）

2013年　4月

26日

云南·河口·南溪

今早8点，又喊了昨天的司机，请他送我们去了南溪。南溪镇基本位于狭长的山谷中，人口密集，街市繁茂。我们入住到城北，靠近小镇外围“炎宝宾馆”。宾馆北靠山林，门前即是进出南溪的干道，对面跨过一座大桥又是一面大山，桥下是滚滚流淌的河水，而大山的脚下就是著名的“昆河米轨”。我上午沿着米轨向北采集，两侧生境很好，鸟叫虫鸣十分喜人。在南溪中学的对面，还有几条可以深入的沟谷，里面采集效果不错。

▲昆河米轨

中午休息并整理标本。下午继续沿南溪站方向采集。在南溪站附近，豌豆样植物上捕捉到墨蛉蟋（简称墨蛉）若干。与墨蛉共生于该植物群的还有一种象甲，其形态与赤胸墨蛉酷似。已将该环境拍下，并采集了此小个象甲。另在大叶植物（像南瓜）上捕到树蟋及维蟋若虫各1只，皆雄性。晚间，在炎宝宾馆顶层挂灯，虽尽力，但灯泡挂位还是偏低，另晚间风大，近11点时才见月亮。小虫诱捕极少，但甲虫极多，有天牛、叩甲等，形态奇异。又来3只棺头蟋雌虫，不知是否尖角，个体很大，而目前在此处仅捉到尖角棺头。然后下去往南溪站方向采集，在桥北头捉大个斗蟋1只，在菜地中鸣叫；在桥南头捉灶蟋3只，灶蟋在大桥两侧石阶缝隙鸣叫被发现，后在附近，石阶下缘捉到另外两只，该种活力不强，捉来容易。另在南溪站旁捉尖角棺头蟋雄虫1只，鸣叫小个体斗蟋1只，还有铁道枕木间斗蟋跑脱。

▲赤胸墨蛉蟋 *Homoeoxipha lycoides*
（图片提供：张韬）

▲丽斗蟋 *Velarifictorus ornatus*
（图片提供：张韬）

2013年　4月
27日
云南·河口·南溪

今早7点半外出采集，在南溪站背侧山坡听到蟋蟀叫声连续，但未能捉到。后在小块香蕉园中捉棺头蟋雌虫3只，墨蛉雌虫1只，但奇怪，该雌性墨蛉前中足全为深褐色，与前日捕捉的完全不同。它们究竟是同种，还是不同种类？所以下午再去找找看，是否有这种墨蛉雄虫，连续叫声是否为墨蛉？另外，维

▲斑翅灰针蟋 *Polionemobius taprobanensis*（图片提供：张韬）

▲短翅灶蟋 *Gryllodes sigillatus*（图片提供：张韬）

蟋雄虫不知何时能捕捉到？

中午休息了一下，另外打听了去往屏边的汽车。一天至少有5趟车，上午、下午均有。明早7点半、8点40分和10点10分各一趟，其中，往老范寨路费8块钱，可能有住处。所以打算明天直接往屏边进发，也可路过老范寨时在这里落脚，然后再去屏边。

下午到山顶高房下，发现连续鸣叫的就是前晚捉到的小个斗蟋，又到香蕉园捉到若干棺头蟋。这次在一个山沟的深处捉到2只前中足股节都是黑色的墨蛉，而在浅处捉到1只正常赤胸墨蛉蟋（前中足股节浅色），并拍下了环境特征。

晚间继续在宾馆楼顶挂灯，只是挂灯方向与昨晚相反，将目标来源选在了宾馆背侧的后山。果然，诱集效果比之前好了很多，当然，这也可能与当夜下雨有关。诱捕收获中最好的是花生大蟋（雌虫，未捉到）、黄蛉蟋雌虫和斑腿灰针蟋雌虫，另外还捉到雌雄斗蟋以及昨日棺头蟋雌虫若干。

2013年 4月

28日

云南·屏边

今早乘10点10分班车往屏边方向进发。这一路海拔变化较大，南溪靠近河口，仅高200米；往屏边一路，过白寨靠近屏边的地方海拔最高，达到1500米，路过时正迷雾茫茫；屏边县海拔也不低，已到1380米。沿途有几处地点可以选为当晚的落脚点。老范寨、白河、白寨都位于南溪与河口之间，地点偏远，也许生境保持较好，宜于采集。但是，实际情况却差强人意。老范寨是香蕉和咖啡种植基地，两侧山高，且无住宿；白河有个化工厂，周围生境较差；白寨能住宿，但周围也尽是香蕉等种植园。因此，我们没有落脚，而是直接选择前往屏边县城。

到屏边已经是第二次，一切如故。过河的街道，老街的小店，邮政宾馆和那位带我逛过烈士陵园的老板，还有城北那家位置很偏、味道却很好的清真饭馆。不过，我下午没有出去采集，一来想休整一下；二来我得赶写直翅目大会的报告摘要，以及需要处理一下这么多天来需要处理的邮件。清泉他们两人选择继续采集，下午直接去了大围山顶的水围城。下午三四点的时候，屏边的天阴沉了下来，不一会儿就开始电闪雷鸣，没多久又是暴雨倾盆。清泉他们也没在山顶停留多久，大雨早早地将他们驱赶了回来。据他们讲，山顶阴郁得更早，而且十分寒凉。晚上六七点太阳将落的时候，天空转晴，我们都庆幸还能继续挂灯。不过，也许是急雨淋湿了虫儿们的翅膀，灯诱的幕布中只有密集的大蛾，而包括蟋蟀、叶蝉在内的小型昆虫几乎不见。屏边嘛，只作为过境之地吧。

2013年 4月 29日 云南 · 金平

今早7点出发，大概5个小时到达金平。虽然两县城毗邻而居，但这个速度已经算快的。有一年恰好赶上沿途修路，上午出发，直到半夜十一二点才能到达。这次专门留意了一下沿途情况，以备今后布点。总体上，由屏边往金平的路上有很多生境好的地方，但都是山高路陡。莲花滩、新街相邻，有住宿，可采集，缺点是两侧高山，涧中有河，不甚开阔。蔓耗高速路口附近沿河开阔，食宿方便，植被覆盖不够密，种类也不够丰富，但可尝试诱虫。由蔓耗继续往里即到渡口，这是出入金平的必经之路。大寨往金平的方向有个期里寨，附近有一处植被极好。阿得博

▲小额蟋 *Itara minor*（图片提供：张韬）

▲太白异针蟋 *Pteronemobius taibaiensis*（图片提供：张韬）

是一处看风景的好去处。风水岭生境很好，但是在风水岭很难遇到好天气，常年都是雾气蒙蒙。

中午到达金平，安顿以后即找车往马鹿塘水库采集，并计划明天到大寨附近采集，顺路欣赏一下阿得博的秀丽风光。我们包车上了马鹿塘，但是水库建好后，原先小路失修，小车已无法前行，只能在距离水库19公里远的马鹿塘村采集。经车老板帮忙，找到一家地势较高的哈尼族人家，晚上即在他家屋顶挂灯。这家人的房子是结婚新房，高大不说，二楼平台黄色地砖一铺，望着西方落日，就如田园仙境，感叹人家生活幸福。这家人很热情，老太太1954年生人，今年60，很有意思，看我们捉虫很久。二儿子曾在深圳打工，精壮精明。还有一个小女儿。我们在她家泡面，他们非要给我们做饭。没让他们做饭，就给我们端上来好多小菜，还有啤酒、饮料。这晚灯诱效果极佳，捉到不少抢眼佳品，仅大个的花色天牛和乌桕大蚕蛾就捉到不少。

▲黄角灰针蟋 *Polionemobius flavoantennalis*

挂灯间歇，我到周围地头转了许久，灰针蟋、双针蟋、异针蟋、棺头蟋、油葫芦、双斑蟋和额蟋都捉到不少。异针蟋模样特别，与早些时候墨脱见过的一种蟋蟀很像。尖角棺头蟋采到的太多，庆幸有机会总结归纳一下它们多样的形态变化。捉额蟋的时候，发现雌虫尚有后翅，而雄虫后翅已经脱落。另外，之前一直以为额蟋只会在树梢鸣唱，这次看到它们地栖的时候也会鸣叫。由于有遮蔽物，它们居然在墙角下振翅高歌。从不见额蟋白天鸣唱，到了晚上立即成了自然的主人，声若口哨，此起彼伏，遥相呼应。这晚的收获又让我感到透彻的疲惫，回到宾馆，一直整理标本到3点还没有完全弄利索。

2013年 4月 30日

云南·金平·勐拉

昨夜的丰盛收获令人十分困乏，所以我们决定放弃到阿得博看风景，而直接乘车去了勐拉。现在金勐公路级别提高，由县城到勐拉镇只需要50分钟。我们入住金勐宾馆——一个可以俯视全镇的高大楼房。我们对这个高度多少有些遐想，希望它能帮助我们得到一个漂亮的灯诱位置。

下午抓紧时间清理了一遍养殖的活虫，给很多活体拍了照片，并录制了灶蟋、异针蟋和尖角棺头蟋的鸣声。后来到街道买了些水果，水果店老板听说我来捉蟋蟀，饶有兴致地给我介绍起他的见闻。并且告诉我，他这两天上山砍香蕉的时候会带些蟋蟀给我。其实，他们习惯说的蟋蟀都是花生大蟋。他们多会提桶水到山里寻大蟋的洞穴，然后通过灌水逼迫大蟋们逃出洞穴。回到宾馆，又同宾馆老板闲聊了一下。楼顶平台是他家的自用地方，不过他很大方地同意我们上楼灯诱。晚上我们按照既定计划往楼顶平台灯诱，果然不负所望，诱捕效果十分令人满意。只是天公不作美，大概10点的样子开始了狂风暴雨，我们不得不歇工收灯。因为慌忙收灯，见到的一个模样特别的黄蛉蟋没能捉到，失之交臂。即便如此，还是捉了不少种类的蟋蟀，小棺头蟋、斗蟋、甲蟋、红背特蟋、树蟋和墨蛉等都有很多。

▲灯诱布置

回到住处，我们安心地整理起标本，后来还遭遇停电，只好戴着头灯继续整理。但听外面狂风骤雨，暗想明天下一整天也未尝不可——身体有些疲惫了。金平马鹿塘捉到的尖角，很大一批集中在矿泉水瓶中饲养，还未编号。今夜所捉小棺头蟋也很多，还是用矿泉水瓶饲养吧，做好标记，待鸣声录完即处死。另外，希望找空闲将雌雄个体放在一起，一来对雌雄物种订正，二来记录些交配行为。

▲长瓣树蟋 *Oecanthus longicauda*
（图片提供：张韬）

▲红背特蟋 *Turanogryllus rufoniger*
（图片提供：张韬）

2013年　5月

01 日

云南·金平·勐拉·新勐

如果说勐拉算城，新勐就算城郊，看到昨晚诱集效果不错，我们决定今天往新勐采集。新勐位于勐拉镇西北方向的勐拉河对面，那里有个新勐村，穿村而过大约一两公里就来到山脚。这里有一大片“大唐公司”的种植园，依山傍水，地势开阔。不过，种植园从空地一直延伸到山沟中很深的地方。开阔地种植香蕉，西面山口进去依然是香蕉地，两边山上种着橡胶树。沿着山路一直往里走，我突然遭遇大量蚊子的骚扰，让没有防护的我左右手忽闪不及，还是在手肘、脖子、脸上被叮咬无数。这个地方不大，但地势稍平坦，发现很多蟋蟀。拟蛉蟋分布较为密集，并且都已无后翅；还见到雌雄长额蟋，可惜雄虫跑失。这两种蟋蟀都行动迅捷，捕捉和后期饲养时移换盛放的容器都很困难。

▲亮黑拟蛉蟋 *Paratrigonidium nitidum*（图片提供：张韬）

这些拟蛉多在低矮草叶上，长颚蟋则在大叶上栖息。下山时还在竹叶上捉到1只长额蟋的雄虫。总体上，长额蟋若虫较多。捉到的若虫还有树蟋、拟蛉蟋和维蟋。拟蛉蟋若虫中，低龄的呈现绿色，高龄的又是褐色，这种色彩是否同种在发育期有不同表现还不清楚。

▲斑翅拟蛉蟋 *Paratrigonidium vittatum*（图片提供：张韬）

这天晚上继续在宾馆楼顶灯诱，效果依然令人满意，捉到的蟋蟀有灰针蟋、真蛉蟋、墨蛉蟋、基白双针蟋、红背特蟋、小斗蟋、污褐油葫芦、黑脸油葫芦、南方油葫芦和花生大蟋。因为数量巨大，现在盛装的瓶子已经完全不够，而且，即便增加了瓶子，也会超出我的携带能力。另外，整理采集到的标本也突然变成一种压力，仅仅一晚的诱集标本几乎需要一个整天来整理。

▲ 花生大蟋 *Tarbinskiellus portentosus*（图片提供：张韬）

▲ 长翅真蛉蟋 *Natula longipennis*（图片提供：张韬）

2013年 5月

02日

云南·金平·勐拉·翁当

此时的日记其实已经无法跟昨天区分了，因为这会儿我还没有结束就已经到了今天。这夜凌晨起又是雷电交加，待到早上起来，看到天空依然是阴云密布。那一刻身体困乏，真是不愿动弹。无奈，昨天约好的车老板一早就打电话来叫我们出发。我翻看了一下天气预报，看到说白天多云，直到夜间才会有雨，所以决定随车去翁当。我之前去过翁当，那次是在金平保护区工作人员的陪同下过去的，虽然时间仓促，但采集印象极好。而且，那次在翁当发现一个裸蜥新种，这次过去也许能够补充一下标本，并给活体录个声音。

8点半出发，到了翁当已近10点。这一路还算顺利，车老板的三轮摩托载我们翻山越岭爬了将近30公里的路。翁当海拔不低，大概在800米左右。也许时间过得太久，也许那次停留得太短，看到眼前的翁当，实在找不出记忆中的样子。那山、那路、那人，没有一处是熟悉的。记忆中的护林员家门前的球场没了，挂灯地方后面的林子没了，取而代之的是一片片香蕉田。我们沿路往村后走，顺坡上了山。这里虫子不多，好半天才捉到2只拟蛉蟋的雄虫。一路上都能听到一种陌生的声音，但始终没能寻到它们的踪迹，无法一睹容颜。中午时候，香蕉田深处在阳光暴晒下异常炎热，又无虫可抓，就找了处阴凉地方休息起来，然后很奇怪地坐着睡了一觉。又逛了逛山野就回到村口小卖店，跟小伙子聊天。他在村里见过红头音蟋。他讲了近些年，大家为栽种香蕉，将老林子砍伐，将水稻田废弃，所以环境很差，各种虫子都少了。另外，他介绍老勐、九公里地方不错，老勐的话可以由那兰水库坐船前往九公里，然后到达老勐。

▲亮黑拟蛉蟋 *Paratrigonidium nitidum*（图片提供：张韬）

待到下午，我们在村里转了遍，终于确定一处看似不错的灯诱地点——村外靠近山坡的一个地方，无遮无掩，直面大山。我们到旁边那栋黄色房子跟人家谈妥了晚上用他家的电挂灯的事情。然后，看着时间还早，也不想再往山里采集。于是找了间店铺坐了下来，没多久一阵凉风吹来，接下来就是压顶乌云，没出5分钟，如高压水枪喷射一般的骤雨就铺盖了下来，村里公路立刻就变成一道水流湍急的“黄河”。在被这暴雨惊吓之后，我们悲伤地预感到晚上的灯诱希望不大了，果真，我们一直等到7点天快黑的时候也不见雨停。于是打了电话叫车老板来接我们回镇上。来时白天乘坐这小三轮还不在意，此时黑天，看着往来的车辆，这单薄的小车和它那昏暗的车灯实在让人担心雨中路滑的种种险境。好在顺利回到宾馆，想想这天虫没捉上，困乏未解，花钱受冻还置身危险，实在有些不值。

2013年　5月　03日　云南·金平·勐拉

多日采集积累了很多旧账，有些标本没有整理出来，饲养的蟋蟀也该处理一下了。于是，今天决定白天安心在住处整理标本，待到晚上去新勐大唐公司选定的位置灯诱。整理标本着实让人头疼。小盒饲养的需要一盒盒地换水填食儿，一次弄下来都是将近两个小时，而且每次整理中都会有损失的标本。这一次，南溪采集的维蟋雄性若虫死亡，而且已经腐臭；河口采集的斗蟋雌虫居然咬破了厚实的塑料虫盒逃跑了。另外，录音也是一件困难的事情。养殖以后它们叫起来并不主动，一旦叫起来会是几种不同种类的蟋蟀一起叫。如果将它们单独放置并录音，在你稍稍靠近它们准备录音的时候，它们又会噤声。而且，周围的嘈杂、甚至卫生间水龙头的滴水声都会干扰正常的录音。因此，录音的效率很低。这大半天的时间，我只录制了一些拟蛉的叫声。此外，养殖量有些大的额蟋、灶蟋、尖角和小棺头蟋等均被处死，并取其组织浸泡酒精。

晚上按计划去了新勐村外大唐公司的那片开阔种植园灯诱，收获喜人，足以弥补昨日的损耗。除南方油葫芦、黑脸油葫芦、小棺头蟋，还捉到红头音蟋、双斑蟋（很多）、大蟋、台湾棺头蟋、蝼蛄，以及南家蟋的雌虫。我猜想以"乐极生悲"来形容昆虫采集很恰当。这晚，又是因为虫量过多而不得休息。回到宾馆后，我整理标本到半夜4点还没能弄利索，又留了些尾巴就去睡了。

我在灯诱中发现，花生大蟋不直接上灯，而是避开强光往幕布后面行动。红头音蟋也是如此。采集到的斗蟋应该有两个不同的种类，除长颚斗蟋外，还有另外一种体型稍小的种类。棺头蟋形态比较多样，大体有3个类型，但它们是否不同种类尚无定论。关于棺头蟋的分类一直以来存在很大问题。很多种类外形差异很多，但生殖器差异不大；而同一种类的生殖器形态又存在较大的变异。所以，这是一个难于应付的类群。

▲双斑蟋 *Gryllus bimaculatus*（图片提供：张韬）

▲小音蟋 *Phonarellus minor*（图片提供：张韬）

▲黑脸油葫芦 *Teleogryllus occipitalis*（图片提供：张韬）

▲长颚斗蟋 *Velarifictorus aspersus*（图片提供：张韬）

2013年 5月 04日

云南·金平·者米

今天准备离开勐拉，前往者米，如此慢慢地向绿春方向移动。一早起来我又整理了1个多小时的标本，然后9点40分出门，赶10点的班车前往者米。大概中午到达。者米不大，属于一条街一个镇的地方。两侧高山，山谷河流，者米镇即处在这样一个依山傍水的地方。我们没有往镇里寻找住处，只是在镇子入口找了一家宾馆。这家旅店的顶层平台着实让我们欢喜，高度、朝向和位置都十分适合灯诱。不过，也许因为临近公路或者镇子中心，这周围的植被稀疏，而且以种植林木为主。很多地方都是砍过后栽植的香蕉和橡胶。

下午，清泉和明生两人外出采集，但都是悻悻而归。大概是周围人工作物农药施用太多，或者采集时间不对，总之，他们几乎没能在草木上采下什么虫子。我继续在宾馆处理标本。大概因为勐拉、者米两处温度、海拔变化或者遭遇强光，导致新勐捉的一对额蟋死亡。另外，一只马鹿塘采集的黑脸油葫芦的雌性若虫开始蜕皮，但因路途中受惊扰，未能正常发育，左侧身体的皮未完全脱去。今日看它奄奄一息，所以直接处死。还有一只马鹿塘的尖角棺头蟋也在蜕皮，见到它的左前翅尚未伸展，整个身体呈现橘红色。大概也是旅途中惊扰到了它，下午看时，发现左翅已残。关于直翅目鸣虫都有一个现象——反搭。即鸣虫左右翅静息时会叠覆在一起，正常情况是右翅在上，左翅在下。因为鸣虫发声时候依靠左右的音锉和反音锉相互摩擦发音，所以哪个翅在上，哪个翅在下还是比较重要的。因此，那些非主流个体会展现出左翅在上而右翅在下。这种现象就是反搭。看到这个发育中受到惊扰，而一侧翅残化的情况，我突然猜想是否两翅在蜕皮时有个先后次序，所以两翅上下叠加时才能基本固定地以左下右上的状态存在，而相反的时候就是我们所见的反搭。

▲小额蟋 *Itara minor*
（图片提供：张韬）

▲黑脸油葫芦 *Teleogryllus accipitalis*
（图片提供：张韬）

今晚依旧灯诱，挂灯从晚8点至11点，大概是环境的原因，这晚几乎没啥收获。仅仅捉到哈尼棺头蟋、额蟋，另有一些圆胸螳螂和花身燥蝉。

2013年　5月

05日

云南·金平·者米

今天早起后一直在整理标本，勐拉采集的标本还有些遗留，昨晚在者米补充的标本也有很多，直到下午3点才完全整理完毕。这些标本中，斗蟋有三种：长颚斗蟋、迷卡斗蟋和丽斗蟋，另外，还有一种南家蟋。棺头蟋种类较多：尖角棺头、小棺头、台湾棺头和哈尼棺头。另外，小棺头比较复杂，形态和叫声似乎存

▲迷卡斗蟋 *Velarifictorus micado*（图片提供：张韬）

在差异；还有，勐拉捉到的小棺头蟋腹部呈橘红色，解剖时后足股节肌肉也是红色。这一天又录制了一些鸣声，包括双斑蟋、南方油葫芦、台湾棺头蟋、小棺头蟋和尖角棺头蟋，录音效果有好有坏，不过总算收集到了可用素材。今日原本计划晚间在者米镇广场挂灯，无奈赶上停电，所以继续回到镇外的宾馆楼顶，诱到的东西与昨日相差无几。

2013年　5月 06日　云南·绿春·平河

者米虽然处在交通线上，但是毕竟偏僻，一早起来就开始准备，直到11点半将近中午的时候才等来金平发往绿春的班车。我们今天其实在选择绿春，还是选择途中的平河乡之间有些犹豫。绿春以前去过，一个巨大的、街道繁茂、高楼林立的县城踏实地铺在了一个巨大的山头上。正是绿春县坐落的这个庞大的山头让我对云南的山有了一种钦佩和羡慕。高山见了很多，但是如此平和而宽容的大山也许只有在云南可以找到。当然，山高对我来说并非善事儿——高处不胜寒，那年在绿春县的采集十分惨淡。这样，当班车行至平河，我和我的伙伴们决然下车，打算安营平河。不过，平河的海拔也不低，将近1400米。

我们在小镇边缘的桥头堡宾馆入住，宾馆平台很好，位置高而视野开阔，是个灯诱的理想场所。我们五六点的时候就找好地方，支起了灯、挂起了幕布。宾馆老板也饶有兴致地上来看我们工作。挂起灯后，我们和老板聊起了平河的周边。他指点着这里是老林，那里开始种植了香蕉，还有往另一边就是越南……聊天中间，我们看到一些山头上竖起了灰色的通天“云柱”——那是雨。老板告诉我们这个地方一到傍晚会雨多雷多。而且，平河属于一个令我有些陌生的自然灾害区——雷区，据说这里每年都有因为雷害伤亡的人。远方的云柱没有靠近我们，但远方的闪光驱赶着它的轰鸣声向着我们咆哮而来。我心中默念：“你叫叫就可以，可千万不要下雨。”但是，乌云伴着日暮，将天色拉黑，时不时挥舞一下让人胆寒的光电皮鞭，就这样，天黑的时候终于下起大雨，直到晚上9点多才停住。

我们待到雨停，匆匆将灯打开，耐心地等着虫子们的光临。下过雨后，身体感到寒凉，看下温度计，当时温度不过21℃。这种情况虫子都会很少，一来雨水已经黏滞了小虫子的翅膀；二来时间太迟，它们已去找寻其他的栖息场所。这一晚，只诱来了一些幺蛾子。无奈，我将精力放在了录音上面。一到夜间，各种鸣虫都会放松地竞相高歌。镇子十分安静，没有任何嘈杂，所以诱虫不成，录音正好。此时，发现南溪捉到的黑白“两种”墨蛉选择了不同的鸣叫方式，鸣叫节奏和声音频率都有明显差异（那会儿还不清楚墨蛉的分类，所以真的误以为这种差异就是分种的依据）。

▲赤胸墨蛉蟋 *Homoeoxipha lycoides*（图片提供：张韬）

2013年　5月

07日

云南·绿春·半坡

昨天从宾馆老板那里了解到附近“半坡”这个地方海拔、植被和地理位置都很适合昆虫采集。于是，我们一早起来，计划往半坡扎营。到车站才知道往半坡的班车因为修路已经停运，我们只好包车前往。离开平河镇，我们从一个岔路进入了细小的盘山路，一路上高高下下翻了几座山。出平河大概30分钟样子，山高，植被不错；向前有个叫合石的村寨，海拔不很高，也可采集；接下来到新寨岔路，这里能食宿，寨子辐射的地方有合适的采集地；最后到达二铺岔路，这里往半坡的路已经被封死，道路中央立起一道矮墙，只能单人翻过，任何交通工具都无法通过。包车老板也没想到道路堵成这个样子，他没说什么，直接打电话叫他朋友从半坡骑两辆摩托车来接我们。

坐摩托车大概1个小时来到半坡乡，原来这里是半坡的老乡镇，新的乡镇已经搬迁到坝溜。这个地方没有白来，周围环境很好，海拔1000米左右，周围有树林，很少栽植橡胶和香蕉，只是有些数量不多的梯田。

这家旅社旁边有一处还未完工的阁楼，楼顶视野开阔，朝向山林，十分适合挂灯。这一晚诱到不少黑脸油葫芦，还有滑蟋，甚至还有维蟋的雄虫。而这样的收获还是在雨水干扰下得到的。这一晚云雨一直在持续，大雨、小雨的不断交替，又遭遇两次停电，显然距离最佳的灯诱效果还很远。看来这个地方来对了，于是我们决定在这里多停留几日，多适应一下“露宿”的感觉。

▲锈背滑蟋 *Lissotrachelus ferrugineonotatus*（图片提供：张韬）

2013 年　5 月

08 日

云南·绿春·半坡

每一次丰收的野外都会迎来另一个忙碌的白天。今早起来继续整理昨晚采集的标本。黑脸油葫芦采集得很多，打算将一部分活虫提前处死，只留下一部分。养蟋蟀很有意思，从活体身上又能获得很多无法从针插标本上取得的信息，因此，常常感到活体材料异常珍贵。但是，在旅行中饲养太多活虫，无论空间，还是时间，都会限制你所能够饲养的数量。处理了这些活虫，一来可以减少后面的工作负担，二来也降低了它们的自然死亡率。因为我能提供的活动场所和饲料质量都会增加它们的死亡率。这些标本一直处理到中午。本打算午休后，待到下午3点外出采集，怎奈又下起了大雨。到了晚上，我们继续在旅社屋顶挂灯，我抽空往街道外侧的林地里逛了一下。

虽说从昨晚开始，大雨就基本没有停止过，但除了街道坑洼的地方有水，两侧半坡上的林地居然还能顺利进入。我打着灯光在林木里搜索着，看到很多披挂着水滴的虫子在草木上趴伏或者移动，如乖巧的精灵一般可爱。这夜灯诱效果不如昨天那样让人满意。大概是雨水的黏滞已经让昆虫们无法自由翱翔了，或者因为阴雨中的低温，虫儿们干脆躲在了家中。

2013年 5月 09日 云南·绿春·半坡

今早起来，发现天已泛白，大概雨水已经厌烦了这个地方，打算离开了。趁着无雨，我们丝毫没有耽误，沿着大路往山下河边开拔，因为落差很大，所以我们希望能在低处发现丰富的昆虫或者一些稀奇的东西。我从山上看到半坡镇有两个方向的道路，据说两路相通，可从大路下去，然后绕道小路返回镇子。

于是，我们计划从大路下到河边，然后再沿小路返回。大路在山中盘旋着，偶尔可以从一条直下的小道钻入林中，待钻出来的时候已经是大路的另一头。山下已经能够找到一些宽阔阴湿的沟谷了，捉到一些黄色拟蛉蟋和甲蟋，也拍摄到一些蟋蟀和昆虫的生态照片。行走了大半天，直到午后才到达沟底，来到一条灰绿的大河前面。沟底并没有想象中的绿洲，除了河水之外，只有干燥的沙土路与黄土高原初春相仿的斑点绿色。过了一座石桥，我们继续沿路前进，接下来顺山而上，但道路内侧都是立陡的土台。很明显，这条路是从土山上开凿出来的。有些道边的缓坡上也只是一些稀疏的人工林。我们沿着这样的路走了1个小时，也没有遇见能够绕回半坡镇的道路。于是，我们还是原路返回，顺着来时的路爬回镇子。

当晚继续在旅社屋顶挂灯，捉到两种滑蟋，有雌有雄；还有音蟋若干；另有一种模样很像斗蟋，但以前从未见过的种类。

▲锈背滑蟋 *Lissotrachelus ferrugineonotatus*（图片提供：张韬）

2013年 5月

10日

云南 · 绿春 · 半坡

今早起来发现阴天，就往镇子向下的几个小道里走了一遭。林下没有见到我需要的东西，后来又继续到周围农田里看了看。捉到甲蟋雄虫1只，个体明显大于之前的甲蟋；还捉到长额蟋1对。另外，今天有幸看到1对中华树蟋的交尾场景。很多人都知道蟋蟀的鸣叫是为了召唤雌性来与自己孕育后代。但是，真的是雄性蟋蟀叫得好听一点儿，雌性蟋蟀就会欣然同意吗？当然不是，雄性蟋蟀奋力鸣唱只能使雌性蟋蟀离自己的位置近一些，而是否能够让“美人”以身相许，还要看雄性蟋蟀的进一步表现。有这么一些蟋蟀，会通过许以美食来夺得雌性蟋蟀的真爱。这类蟋蟀在后翅着生的后胸上具有一套腺体器官，称为后胸背腺。后胸背腺可以分泌包括脂肪在内的很多营养物质。当它们成功让雌性靠近自己的时候，就会使劲打开自己的前翅，让后胸背腺完全暴露在雌性的眼前。这样，雌性就会因为“美食”爬到雄虫的背上，享受背腺分泌物的美味儿，乘着这个时机，雄性顺便将自己的精包挂到雌虫尾部，进而完成重要的受精过程。

中华树蟋就是这样的一种蟋蟀，交尾时雌性在上，雄性在下。往往下位的雄性尾部有一个乳白色的小珠子，那个就是它的精包，里面充满了精子；随着二者尾部的靠近，那个小白珠就会由雄性的尾部传到了上位雌性的尾部。这样，雌性中华树蟋就得到了雄性配子。同时，我看到雌性一直趴在雄性背上低头吃着什么，没错，它正在吃雄性后胸背腺的分泌物。这是一种“献礼”行为。为了博得雌性的欢心，很多动物都会表现出这种献礼行为。这些行为在鸟类、一些哺乳动物中并不稀奇。在昆虫中倒不常见。拥有典型献礼行为的昆虫还有蝎蛉等。

今晚灯诱时已经开始下雨，虽然没太影响诱虫效果，但多日的灯诱已经开始出现大量的重复物种。因此，我们决定第二天离开这里。

▲中华树蟋 *Oecanthus sinensis* 交尾场景（图片提供：张韬）

2013年 5月 11日

云南·绿春·坝溜

今早旅社老板娘帮我们联系了一辆车离开半坡去往坝溜，大约30公里，1个多小时的时间就下来了。坝溜海拔很低，比较发达，人口也很多。据说在2005年的时候，半坡乡政府由我们昨天所在那个“半坡”迁址到这里。很多时候，海拔低、温度高就意味着虫子好捉；当然，虫子适宜繁衍的地方也是人类喜居的好地方，而人多，环境就会遭到破坏。也许因为坝溜地方不够宽敞，这里倒没有什么香蕉、橡胶之类的种植园。

我们住在镇子边缘的一家旅店里，水泥铺就的宽阔院落，还有一个大而开阔的屋顶平台。这些地方的新房子都会有个屋顶平台，多半是用来晾晒衣服用的。普通住家也会这样的平台，只是上下不一定会修筑楼梯。我见到有些人家的屋顶平台直接四面以高台围砌起来，然后里面注满了水，我猜想这是为了隔热解暑。晚上我们就在这家的平台上灯诱，效果好到快让人哭。灯诱是没有选择的昆虫诱集，除了我们需要的蟋蟀、叶蝉，还会有各种各样的昆虫上灯。这里，不仅虫子多，咬人的虫子也很多，以至于咬到我无心捉虫，只顾驱虫和挠痒。这次除了捉到包括黄蛉、音蟋、树蟋等在的蟋蟀外，还捉到1只兰花螳螂。这个螳螂如玉兰花瓣一般洁白鲜嫩，周身纤软，放在手上只能感觉到一点瘙痒，而伸手指到它前足，也只是被微微拨划一下。

当晚11点时候开始雷雨，于是收工。计划明早往江城换车去西双版纳。

……

▲轻丽树蟋 *Xabea levissima*（图片提供：张韬）

2013年 5月 14日

云南·勐腊·尚勇

今天一早我们就出门往村子西边的一个寨子出发，那里曾经是村子的水源地，所以有一片基本处于原始状态的林地。先是穿越寨子，然后要绕道寨子深处的农田。那里是一片水田，我们就行走在坚实一些的田埂上。然后上到山坡，再往里，顺着溪流就进入了林地。林地外围道路的两侧生有一排排毛竹，我边走边在毛竹上扫网。这种漫无目的地挥网反倒是昆虫采集的常规操作。很多时候我们并不能看到隐蔽在枝叶中的虫子，但就是这样看似不经意的一扫，网底往往就会捕到目标昆虫。距

▲小音蟋 *Phonarellus minor*
（图片提供：张韬）

▲长翅贝纤蟋 *Beybienkoana longipennis*
（图片提供：张韬）

▲马来长额蟋 *Patiscus malayanus*（图片提供：张韬）

蟋亚科的贝蟋或长额蟋常常会趴伏在竹叶上，因此，仔细观察每片竹叶，或者干脆这样盲目扫网都有机会捕获几只。我的经验是正确的，在进入林地的路上我就欣喜地获得了几只长额蟋。继续往林地里走，光线逐渐阴沉下来，林下的落叶或者裸露的土地也越发潮湿。这种环境下，林中反倒没有什么植被；稀稀拉拉的落叶也是分散地印在了地皮里，根本不给喜欢潜伏在落叶层中的昆虫一丝空间。

在林中转到两三点的时候，我打算返回，感觉还是林缘地带的收获会多一些。下午继续整理昨晚剩余的标本。粗略计算了一下，原本在勐拉和半坡挺稀有的小音蟋，在这里轻轻松松就收集了上百只。今晚继续在保护站屋顶灯诱，虫子依然很多。而此时敲击写日记的时候，眼前的文字已经模糊成了白色背景下的几个断断续续的黑点。

……

2013年 5月 16日

云南·勐腊·尚勇

今早我们开拔到那个靠近老挝的村子。据说这里距离中老边界仅仅3公里。在我们前往村子的路上，甚至还碰到了一群从

七八岁到十二三岁不等的小孩儿。我们后来得知这些小孩儿都是老挝人，他们是来中国赶集，补充基本的生活日用。这有类似的很多两国交界的地方，当地人常常按照便利、发达的程度和个人需求选择自己的生活范围。

之所以这一次选择沿着位于云南的国界线采集，主要就是因为内地经济发展导致的自然资源的过度开发。比如，前面的一些地方在往年都是林地或者农田，而现在也被各种作物种植园所替代。这个距离老挝仅仅半小时步行路程的小村庄没有让我们失望。村子不大，人口稀少，仅仅村子附近的平地上有些庄稼，而周围山林葱郁而繁茂。当日下午，这个地方就奖赏了我一只雌性片蟋。照说这个季节能够捉到片蟋还是很稀奇的。当晚在寨子的广场灯诱，各式各样的大小虫子铺天盖地。不过，在亢奋的捕虫行为中，我意外地负伤了。灯诱时虫子们会奔向白亮的幕布趴伏下来。但是，有时候体型较大的虫子会因为飞行速度过快、体重太大或者自己的笨拙而无法一次抓握住幕布细碎的纤维，所以会跌落并再次“挣扎”地尝试着攀上幕布。这天灯诱的时候，我遇到了一只“笨蛋”样的木蜂。

这是一个橙黄色身子装饰着黑色条纹的家伙。小小的脑袋上顶着一对长长的触角，小小的胸上拖着两对长长的翅膀，而身后还掉着一个很长很长的肚子。也许因为它太笨拙，也许因为我衣服的颜色比起幕布来更能招引它。总之，它落在了我的身上，而我当时并未发现。直到我感觉脖子凉了一下，而下意识地用手去捏它的时候才感到异样。就在那一刹那，我的脖子上似乎黏上了一个烟头，持久的灼热和刺痛一下传遍了我的全身。这时，我心中一紧，知道这次遇到了一个厉害的家伙，自己恐怕要负伤。我赶紧离开幕布，抖落衣服，周围人见到我的异样也忙上来帮忙。等到我们镇定下来，我脖子上一片凸起的皮肤似乎已经被涂上了口红。

我马上掏出一直在裤兜里装着的蛇药片，用唾沫润湿后在伤处来回涂抹。有经验的护林员见我用了蛇药片就宽慰我说没有大碍，睡一觉就消肿了。我将信将疑。当晚上床后，昏睡中还隐隐感到脖子上的阵痛。

2013年　5月 18日　云南·勐腊·尚勇

今天一早离开了边境小村，打算明天一早返回勐腊，然后往勐满乡去采集。中午时候，为了感谢这些天来保护站的各位工作人员的各种帮助，我们同大家小聚了一下。当晚又在保护站房顶灯诱，大概是为了弥补昨天因为暴雨停电造成的损失，这夜灯诱的收获又够我收拾几天的了。这天捉到1只皱腐叶螽*Sathrophyllia rugosa*。这个螽斯样子奇特，貌似腐烂发霉的枝条，皮肤又如地衣一样。它们的攀附能力也很夸张，它们的跗节上生有一个吸盘一样的“足垫”，一旦攀握在物体上，很难将它们揪下来。因为诱来的昆虫太多，幕布上密密麻麻已经不够后来的昆虫趴伏，于是很多虫子铺满了平台，也铺上了我们的身体。我小心地驱赶掉诱来的蜜蜂或者木蜂，但仍有赶不尽的小虫在我身上爬着或者奔来跳去。衣领、袖口和下腰都不可避免地被虫儿当作探索“神秘”的通道。在繁忙的捕虫过程中，身体皮肤上细小微弱的触动已经完全被我忽略，而一些强烈的刺激不得不引起我的注意。就这样，我经常从肚皮或者胸前的皮肤上捏起一个个硕大的舟蛾、毒蛾、螟蛾、白蚁或者是——蟋蟀。

2013年 5月 19日

云南·勐腊·勐满

今天的时间基本耗费在了路上。一早出发离开尚勇，返回勐腊，然后在车站又搭车前往勐满。到了勐满镇已经是下午两三点。我们要往勐满下面的一个村子去，没有直达的班车，只好包车前往。离开勐满镇几公里的柏油大路之后，就进入了山中颠簸的土路。中间还遇到修路堵车，炽烈的阳光下尘土飞扬，道路两旁尽是灰土的叶子，不知是因为尘埃的蒙蔽，还是因为太阳的炙烤而萎靡地在枝条上耷拉着。中间停车的时候，还看到几个人围着一个水桶议论着。原来修路的工人捉到1只蜥蜴——当地人称谓“蛤蚧”（云南人的发音：Ge Gai）。这种蜥蜴叫声很奇特，两性召唤的时候一个发“Ge”，另一个应声“Gai”，而它们对彼此发音的辨别有些粗犷。当人们随某只蛤蚧发出一个应答的声音，那一只会立即像遇到同类一样做出反应。因为很多人迷信这种蜥蜴泡酒后的种种功效，所以经常会捕捉它们。而捕捉的方法就是利用它们傻乎乎的你问我答来逐渐靠近并捉到它们。这种做法造成了这种蜥蜴野外数量的急剧下降，危害到了它们的种群繁衍。不过，现在已经有人在人工繁育它们。

一路周折，快到晚上才到达我们的目的地。我们入住在山口的一户护林员家里。每次住在别人家里都会受到热情的招待。即使我们多日野外奔波，浑身脏兮兮的，家庭主妇们也会拿来干净的、甚至崭新的被褥来接待我们。其实，每次外出，每一处的采集都要麻烦很多人，总会生出一种对于叨扰别人所产生的愧疚和不安。

护林员家的屋后就是保护区的林地，当晚我们在他家庭院里挂灯。大概因为皓月的干扰，上灯的虫子寥寥。因环境优质而产生的期望和实际收获的差强人意令我有些失望。这天身体也很不舒服，半边身体一直奇痒难忍。晚上睡觉的时候才发现上胸和腹部密布了红色的小点儿，只有不停地抓挠才能换得片刻的轻松。看这个位置以及发生的时间，我推测是前日灯诱时候被毒蛾或者什么身体分泌某种黏液的虫子上身后造成的过敏。

2013年 5月 20日

云南·勐腊·勐满

一早我们就出发向屋后的山林里采集。出门穿过村子，跨过一条大河就上了山路。路上我见到一根硕大的树枝在空中笨拙的漂移，实在想不出是什么东西。于是，直接挥起网子将它拿下——原来是一只巨大的竹节虫在飞行。以前的竹节虫都是在树枝或落叶中见到，这是我第一次见到飞行中的竹节虫。这个飞行姿态实在显得笨拙。只在离地两三米的高度，以极其缓慢的速度和上下波动的身形“悬”在半空。这只竹节虫的体型极大，身长有20多厘米。色泽倒是典型的树枝样，深褐色并装饰着更深色的麻点。当然，这样的颜色、身长以及枝条一样的形状，我的确没有把握能在它们静息的时候发现它们。

其实，竹节虫在晚上比较容易发现。因为常常进林子夜采蟋蟀，所以会经常碰到竹节虫。那会儿的它们大概是对夜色充满信心，所以会毫无忌惮地在树上或树下移动，而一旦动了起来，就很难逃出我的眼睛了。这天采到了隐蟋和片蟋，但都是若虫。当晚灯诱换到一片荒地里，收获不小，隐蟋和茨娓蟋都捉到了成虫，另外，还在附近草地上捉到金蟋和长额蟋的若虫。

▲大隐蟋 *Sonotrella major*（图片提供：张韬）

▲尖角茨娓蟋 *Zvenella acutangulata*（图片提供：张韬）

2013年 5月

21日

云南 · 勐腊 · 瑶区

这天一早我们离开勐满，准备往瑶区采集。回到勐腊又是大半天的时间。落脚后我收拾了一下就快到西双版纳人下午上班的时间了。瑶区也属于西双版纳国家级自然保护区管理，所以我得去勐腊保护所办理入境手续。一切都还顺利，办理了手续后我就叫上清泉两人去县城里逛。我们先去邮寄了这么多天来采集的标本。积攒一段时间后就将标本邮寄回学校对我们来说很重要，不然1个多月的采集下来，东西多不便携带，长时间带在身上也不安全。寄过标本后我们又补充了现金、购买了电池、稿纸等补给。然后，我还去修理了眼镜。那天采集时候眼镜被树枝挂住，摘取的时候弄坏了眼镜腿，这么多日子一直用透明胶带缠绕着使用。

2013年　5月

22日

云南·勐腊·瑶区

我们一早乘班车到达瑶区，然后又包车直接去了一个护林员所在的寨子。这也是一个偏远的地方，据说离老挝很近，只不过这里是老挝的另一个方向。寨子不大，我们就住在护林员家里——一个典型的瑶区传统木屋——底层架空，用来养牛；上面才是民宅，真正的实木地板，踩在上面每迈开一步都会稍稍晃悠起来，并伴着吱吱嘎嘎的声音。

在护林员家安顿下来后就外出采集，仅仅在林子里转悠了一下就捉到了几只茨娓蝽和维蝽的成虫。维蝽应该就是丽维蝽，通体黄色、褐色，并搭配着翠绿的条带，十分漂亮，当然，也很稀有。天公不作美，出去没多久便下起了大雨，而且一下就到了傍晚。晚上我们在一个山坡上挂灯，因为靠近水塘，上灯蜉蝣很多，而其他虫子却很少。我本打算往周围转悠一下，无奈下过雨的道路太过泥泞，晚上深一脚浅一脚实在不方便。我们一起在灯前熬到半夜便回护林员家里休息。没有多余的床，护林员大哥用家里的新被新褥给我们打了地铺。这样的待遇让我心里有些过意不去。木屋并不严密，透过地板甚至可以见到底下的地面。尽管缝隙很多，一夜却没有蚊虫的骚扰，只是池塘里的一片蛙声像吹喇叭一样叫唤了整个晚上。

▲丽维蟋 *Valiatrella pulchra*（图片提供：张韬）

2013年 5月

24日

云南·勐腊·补蚌

早上醒来，天还是阴沉沉的，路上湿漉漉的，雨似乎在下，又似乎没有下。此时，身上因毒蛾造成过敏的红色斑点消了很多，也不像先前那么痒了。趁着天气不好，我索性整理了下饲养的标本，然后又录了一些鸣声。中午，天空开始慢慢地放晴。我们下午在补蚌周边转悠了一下，林子里湿滑的很，一个小小的坡地都很难爬上去。到了傍晚，我们享受到了久违的夕阳，红润的光芒亲切而温暖。我们在宾馆的屋顶上挂了灯泡，但是，当硕大的月亮从东方升起的时候，我就开始打算放弃这晚的灯诱。

我们用高压汞灯诱捕昆虫是利用了很多昆虫的趋光性，它们会对发光器散发的一些波长的紫外光感兴趣。因此，当我们在漆黑夜晚挂起灯泡的时候，很多虫子便会向光而行。我们熟知的飞蛾投火正是因为蛾子们对光的趋向性而发生的“壮举”。灯诱虫子正是利用了它们的这个特点。可是，尽管月光不似太阳那样耀眼，但是它会强过任意一盏人造光源。所以，当明月挂上深邃的夜空中时，虫子们多半不会对远处的灯光有什么兴趣了。曾经有一次，也是皓月悬天、幕布空空，我索性离开幕布往林子里走去。但见包括蛾子在内的各种如白昼一样在林中自由移行，而对林子外面几十米远的诱虫灯光丝毫不以为然。

预计到灯诱效果不佳，我就下楼往周围采集去了。还好，捉到斯岭蟋1只，看到优兰蟋，还给斗蟋和灶蟋拍了生态照。

▲迷卡斗蟋 *Velarifictorus micado*（图片提供：张韬）

2013年 5月

26日

云南 · 勐腊 · 勐仑

早上，在校友的安排下，我们进入了西双版纳植物园。因为涉及夜采，如果以游客身份进入，一来时间不妥，二来采集标本也不合适。所以只能事先联系园方，获得许可后才入园采集。

植物园有很多游览区域，不过经常受到人工整修，所以采集并不合适。但是，园子里有一处叫作“绿石林”的地方尚未完全开发，采集环境很好。我们从旅社租借了自行车，径直前往绿石林采集。因为离园区主体很远，骑车过去也不轻松，中间还有一段三五公里的大坡，着实把人累得够呛。

当晚，我们又去了绿石林灯诱。不过这次我们事先跟绿石林的门卫打好招呼，从绿石林那边的后门入园。这样，我们就可以乘车前往绿石林了。到达绿石林，正是黄昏时分，夕阳再次让我们享受到了光芒的温润。眼望着美景，人顿时生出一份懒散，突然什么都不想做，而就是希望在这夕阳里坐着或者躺着。但是，驱赶金色光芒的夜幕很快就会到来，而挂灯也需要趁着天亮来做。

这晚灯诱效果倒不理想，但我在林中捉到很多杆脩，还有首次捉到斯蛉蟋一种1只。11点半返回春林宾馆又到植物园灯光球场转了一下，没找到南方油葫芦。

2013年　5月

27日

云南·临沧

今天，我们花费了十几个小时赶往临沧，正式开启了我们的滇西采集。我们乘早7点的首班车前往普洱，然后倒车去景谷，最后从景谷乘车到达临沧。普洱城很大，但她的发达颇有些时代烙印，没有什么新的建筑，但楼房街道都很像我童年记忆中的一座座城市——街道不宽、楼房不高、车水马龙、摊贩临街。在普洱车站等车的空档去对面“食馆”补食了早餐。进一家牛肉馆，看很多人都是要了一碗牛肉来吃。我们也入乡随俗。偌大一碗，大块的肉、浓香的汤汁，还有几叶翠绿的薄荷。享用起来既满足了肚子，又让人惬意幸福。景谷周围似乎遍布了矿山，经过处都是矿山中的样子——拉矿的卡车、矿石遗落的粉渣以及矿区惯有的迷蒙和灰土色。我们直到晚上八九点的时候才在临沧住下。临沧县城很大，海拔1000来米，十分凉爽。

2013年 5月 29日 云南·沧源·班老

今天上午向着南滚河的方向沿路往山下走。出了镇子，道路两旁顺着山坡散落着不少农户，还有不少自家的小菜地。这里捉到一种十分陌生的珀蟋，还有不少树蟋。中午返回旅社休息。

晚上我们找到了一家坡顶的独门独户，她家墙后的农田刚好对着谷地，无遮无拦，十分适合灯诱。女主人是佤族人，她曾在临沧、保山等地打过工，汉语讲得好，大家聊起来也很热闹。女主人不仅热情，还觉得我们捉虫很有意思。我们在房下田里诱虫的时候，她也在她家门灯下帮我们捉虫，走的时候居然给我捉了满满一矿泉水瓶蟋蟀。这晚采集到的姬蟋和斗蟋都有新的东西。

▲纹腹珀蟋 *Plebeiogryllus guttiventris*（图片提供：张韬）

▲曲脉姬蟋 *Modicogryllus consobrinus*（图片提供：张韬）

2013年 5月

30日

云南 · 沧源 · 班老

这天原本计划包车去南滚河，车都联系好了，但一早起来就听见哗哗的雨声。上天台望了望天，阴沉厚重的乌云压缩着整个世界。这天的雨一直下到了下午三四点。清泉他们去了水库，帮我扫到了几只距蟋的若虫，还捉了1只叶脩。竹节虫包括两大类，一类是树枝样的杆状类别，唤作“杆脩”；而另一类是树叶样的，叫作“叶脩”。杆脩很容易见到，而叶脩并不常见。这只叶脩还是若虫，背面还没有见到它们长出的膜质翅。但看样子，如果忽略头足，它真的就是一片叶子。

因为我向学院请假的时间快要接近尾声，我明天只能开始离开班老，前往下一个地方。

2013年　5月

31日

云南·沧源·班洪

今天离开班老，坐班车到了来时经过班洪。班洪的规模更小，也是一个立在山头的小镇子。以班车停靠点为中心，一排房屋向两侧延伸了五六米。马路对面也有房子，但数量远小于这边。车站的右侧斜对着一个丁字路口，向里去有一截不长的断头路，道路尽头一个圆形的水泥坛子，中间生长着一棵巨大的榕树。沿着断头路的两侧分布着联排成列的民宅，临街的房子中分散着镇政府、邮局或者变电所的牌子。

因为天气阴沉，我们只顺着断头路旁的小道往山下走了一小段，见到没有什么东西就返回住处给蟋蟀录音。但临街而居，往来的卡车、摩托噪音不断。不过还是录到红背特蟋的完整叫声。它们开始时发出持续的"吱~~~"声，过一会儿又会发出断断续续的"啾~啾~"声，然后还录到一些树蟋和棺头蟋的声音。

晚上挂灯的时候没有找到合适的屋顶，于是将灯具安置在路旁的一个巨大的广告牌下。这一夜绝不寂寞，又捉到1只花螳和1只叶脩。树蟋获得了丰收，捉了很多丽树蟋，还有一种树蟋前翅边缘妆点有一对红色条带，另外还有以前没有见过的翠绿树蟋。

▲轻丽树蟋 *Xabea levissima*（图片提供：张韬）

2013年　6月 01日

云南·沧源·南伞

我们一早离开班洪，直接坐车到达了孟定。孟定海拔低，只有700米左右，温热的天气总算暖和了一下我们快要发霉的身体。不过我们没有在孟定停留，而是继续搭车去南伞。

下午我们在南伞市里补给了些东西。我的头灯也坏了，于是找了个电器修理铺，让老板帮我把脱焊的电线重新接上。南伞是一个口岸城市，因为在山里转悠快1个月，来到平坦的南伞心情都敞亮了很多。南伞街头有很多做生意的缅甸人，她们都会在脸上涂抹一层白色的东西。敞篷小公交是这个小城的一个特色，班次多、招手停，很像城里的观光旅游车。当晚，我们都在宾馆的屋顶上挂好了灯，结果遭遇异常巨大的暴雨。以前的大雨尚能看到雨水成线，这晚的大雨好似在百尺下落的瀑布，只有溅起的水花和水管喷射铁皮屋顶的声音。不过，虽然雨大，还是诱到1只额蟋。总算不枉费我们拉线挂灯的辛劳。

▲越南额蟋 *Itara vietnamensis*（图片提供：张韬）

2013年 6月

03日

云南·德宏·瑞丽·勐秀

我们一早找到瑞丽市林业局，在这里得知珍稀植物园目前并未营业。他们指点我们到勐秀采集。于是我们包车前往勐秀，路过植物园的时候进去瞧了瞧，刚好碰到他们的负责人。说明来意后他热情地同意了我们的要求，于是约定从勐秀回来，大概明天来植物园采集标本。

……

我在住所周围转了几圈，捉到不少维蟋和额蟋。转悠得来了精神，便索性去了户瓦山寨。这次我在路边见到很多体长不足1厘米的小蟋蟀，行动敏捷，很难捉到。开始以为是异针蟋，待捉到以后，我疑惑了。这个浑身油亮，雄虫头顶突出一块，仿佛戴了一顶王冠，奇异得不得了。这里还有一种额蟋，身形比之前见过的都要小很多。也许它们才是真正的小额蟋。

▲小额蟋 *Itara minor*（图片提供：张韬）

2013年 6月

04日

云南·德宏·瑞丽·珍稀植物园

一早起来继续整理昨天的标本，下午搭乘返回瑞丽的班车下山。到了珍稀植物园，我们提前下车。植物园尚在开发整修中，园区中已经有了一些如观景平台之类的游览设施。不过，我们对园中的老林子很感兴趣。天亮时转了一圈，大概了解了路线，打算晚上深入夜采。晚上清泉两人在亭子上面挂起了诱虫灯，而我一人往林子里走去。开始的时候采集顺利而惬意，小道流水、竹林草香。进林子不久便捉到了癞蟋和长额蟋等宝贝。一会儿起了风，林中很静，但可以听得树冠上的沙沙响动。突然，一声树干劈断的声音，紧接着响起哐当重物砸地的声音。我抬头瞭望，竖耳倾听，但是并无异样。于是继续搜索蟋蟀。过一会儿又是一系列响声。这黑压压的老林子，只我一人。接连听到这种诡异的声音真有些让人心底发寒。因为找不到因由，只能硬着头皮慢慢往回返。在返回的路上，我看到了大腿一样粗的树干横在路中，断裂处都是新鲜痕迹。这时，园区工作人员给我打来了电话，让我小心大风刮断的枯枝。这下我明白了缘由，但想一想更加不放心了。这么粗的树干要是掉在脑袋上我以后就都不用采集蟋蟀了。于是赶紧离开了林子。

▲马来长额蟋 *Patiscus malayanus*（图片提供：张韬）

2013年 6月

05 日

云南·瑞丽—昆明

一早我们离开植物园，叫了前天送我们去勐秀的车接我们返回瑞丽。我的假期差不多了，学校那边有本科生毕业的事情，也有暑假野外实习的事情需要我参与。我到瑞丽车站买了晚上去昆虫的大巴车票。中午清泉两人请我吃了顿大餐，又享受了一下保山的加了薄荷的大碗牛肉。然后找了修鞋的地方把我的鞋子修了一下。这么多天的行程，我的鞋底已经开始和鞋帮分家。修好鞋又到市场上买了些杧果，尽管路途遥远，还是得带回去一些特产给家人。临走前，我又带着两个师弟找了一家我们没吃过的傣回食馆吃了晚餐。这家店是缅甸穆斯林开的餐厅，味道独特，餐食搭配也有些异域风格。晚上6点，跟两位师弟道别之后，我“躺”上了开往昆明的大巴。自此，结束了我1个多月踏访云南边境的长途旅行。

"蟋部"之旅

第五章

墨脱墨蛉

我的第一次西藏之行只是一个单纯的西藏行，没有任何规划、任何准备，它是一次接到通知后“说走就走的旅行”。那是一个傍晚，我和一行人从陕西省太白县辗转到了留坝，刚刚在张良庙对面的一个小旅馆安顿下来就接到了博物馆的通知，说后天有大车往西藏运野生牦牛标本，可以带人沿青藏线采集。

青藏高原奇异的风景、神秘的宗教文化、特有的动物区系，以及那会儿刚刚流行起来的“徒步西藏”“骑行西藏”，还有声名鹊起并且流行至今的几部网络小说《藏地密码》《鬼吹灯》《盗墓笔记》，都满满地充胀着绝大多数内地青年对这里的期待和神往，似乎所有人都会在一个无关紧要的理由或者毫无准备的机会下，毅然决然地展开一段“说走就走的旅行”。在接到那个通知之后，我立刻兴奋地权衡了责任和收获，然后就有生以来第一次不负责任地将同伴丢下，自己一人赶回学校，去追寻我的“藏地梦想”了。现在回想，尽管我的决定“草率”，但还是十分值得。

兰州是我们这次出行的第一个落脚点，在这里我们只停留了一个晚上。第二天上午游走在黄河边安逸悠闲的兰州人中间，然后找了一个长长的队伍美美地享受了浓浓的牛肉面香，我们就急急地踏上了后面的漫漫长路。西宁距离兰州很近，所以我们一早从兰州出发后，并没有在西宁停留，而是顺道去了位于湟中的塔尔寺。那会儿塔尔寺留给我的印象只有那八座白塔、转经廊、转经筒和味道浓厚并且稍有些融化的素酥油花，以及青砖墙的一个个院落和周围郁郁葱葱的土塬。塔尔寺的名望应该主要源于两个方面，一个是对旅游者而言，另一个是对佛教信仰者而言。作为旅游名胜，塔尔寺以其悠久历史、宗教特色、盛大法会和别具一格的艺术创作赢取世人的青睐。在塔尔寺的众多艺术文化中，酥油花最具特色。这是一种雕塑品，在信息发达的今天，在我们每天都有机会领略到各种精湛的艺术内容的背景下，在我看来，酥油花真正的特色是它们的制作材料。正如其名，酥油花正是以酥油为底料，辅以色素雕琢而成。酥油是高原人民重要的热量来源，以此雕花只供欣赏不免觉得有些奢侈。但是，这也正印证了教众们对于神灵和信仰的敬重与一丝不苟。

▲青海湖塔尔寺

离开塔尔寺，我们继续驱车向西，往青海湖进发。不知道我们遭遇的是青海省的大气候，抑或是青海湖的小气候，进入海北州，翻着一座座矮山和丘陵的过程中就逐渐被乌云遮盖和大雨浇淋，刚察县的街道在阴雨的背景下显得黑乎乎一片。但是，当我们在公路上望到远处大湖的时候，在我们找到可以靠近湖边入口的时候，阴郁的世界似乎就瞬间消失了。跑到青海湖边，连我们同行的老同志也孩童般地跳跃了起来。当晚，我们就近在鸟岛的一个宾馆住下。

第二天早上到达鸟岛的时候，太阳已经化作了一团刺眼的白色，而天空，深邃的湛蓝如青海湖各种靓照中的一样美丽。我们在鸟岛内的黑色木板栈道上观赏着淋漓的湖光，看着很少的几只鸟儿趴在山崖上。鸟岛上有一个地堡一样的观鸟台，因为错过了观鸟季节，鸟儿少、游客也少，俯身在观鸟暗窗前，只能领略一下这个观鸟暗堡的别具匠心。暗堡内的长廊里悬挂着很多精美的水鸟照片和鸟类的介绍图。我们总算在图片上满足了一下自己不远千里来到鸟岛的心理期待。

▲青海湖鸟岛

离开鸟岛我们就直奔格尔木。中午我们在都兰县境内一处沿途的小镇歇息，我拿上捕虫网，到那个河水几近干涸的碎石河床附近寻找昆虫的踪迹，而这里和离开西宁以后的多数地方一样，除了蝗虫、叶蝉和双翅目昆虫，其他东西都很难看到，而对于蟋蟀——我基本放弃了对它们的渴求。碎石河床的两岸是沙土地，生长着稀疏而干硬的绿色植被。不经意间，脚下会飞起一只大个的蝗虫，然后可以看到它们敏捷地在你眼前勾画出一条长长的弧线，最后越过一个遮挡了视线的障碍物，然后就自信地落下来休息了。我继续沿河道往上，网捕些蝗虫，用吸虫管吸些叶蝉。正在我寂寥而机械地干着手头的活计的时候，一声声阴沉的低吼似乎在对我发出警告。我抬起头，前面两三百米的地方，一户人家门前的庞然巨犬正在铁链的束缚下朝我的方向挺身，而那声声低吼也正伴着每次挺身而有节奏地发出。没错，这就是藏獒。这是我第一次真切地面对传说中的神犬，虽然相隔甚远，但依然能够清晰体会到，往日对于藏獒的传闻不仅没有夸张的成分，反倒是十分收敛的表达。我呢，遥望四处空无一人，便在这头巨獒的警示下，乖乖地放弃了继续前行的步伐。

下午，前往格尔木的道路异常枯燥，道路笔直，两侧荒无人烟，而在阳光的强烈照射下，四处都懒散地泛着乏味的黄白色。颠簸中我不知不觉地进入梦乡，待到醒来以后，老同志们开始向我炫耀他们驾车时候的乐趣。在这段路上，不管能否驾驭起这辆大车，老同志们都轮番地尝试了高原上的“放马扬鞭”。这条路实在太直，如果能将方向盘固定下来，基本可以实现无人驾驶。到达格尔木已经是傍晚，和所有西部的城市一样，这里的城市边缘栽满了挺立的白杨树。在夕阳的那抹余晖下，绿色的树干泛着温暖的金色。到底是一个宜居的地方，这里不仅更具人气，仿佛那一草一木一石也突然地活跃了起来，充满了生命的灵动。穿过泥顶平房聚集的乡村我们进入了格尔木市区，宽广整洁的街道旁店铺林立，马路中间的绿化带里还依稀能够听到悦耳的虫鸣。

▲离开青海湖开拔格尔木

这一路，只有青海湖的那个下午经历了阴冷的雨水，而后的路程似乎远远地将雨神甩在了身后。格尔木的早晨是一个略微泛白的蓝天，东方已经被太阳渲染得一片金黄，我们带着略微寒战的身体踏上了后面的征程。从此刻开始，青藏之行更加真切，因为在接下来的路途，我们才算真正地踏上了传说中的青藏线。之所以这么说，不仅因为很多人会以从格尔木开始的进藏路线为标准的青藏线，更是因为一旦踏上这条路，在进入西藏之前，人们几乎找不到一条让你迷失的岔道。沿着这条路，只要一路向前，它的终点就是拉萨！也就是从这条路开始，我第一次大密度地见到了徒步者、骑行者和满身沧桑的摩托车驾驶者。我很佩服那些将誓言写在外面的壮志青年。实现一个目标的开始就是大胆而谨慎地将其说出来，而他们，不仅说出来，还能挂在外面昭示于路人，那种破釜沉舟、成志成仁的精神在普通的环境下是可以提出质疑。但是，在这样一个严苛无助的环境下，他们向着目标跨出的每一步都是对自己誓言的践行，都是对自己付出的一份责任。我们奔驰在无际的旷野之中，每每遇到艰难的骑行者，我们都会充满敬意地伸出大拇指向他们致敬。

在青藏高原，除了站到每个人自己的“人生高度”、领略那种奇异的自然风光，大家还有一个共同的愿望，那就是能够见到传说中的高原精灵——藏羚羊。我们的这份期待在踏上高原的漫长时间里都没能得到满足。作为常年外出采集的人，我深刻理解“可遇不可求”的含义，于是，心中只是默默期待那份幸运的到来。旷野茫茫，笔直的公路以它醒目的黑灰色将黄色的高原分作两半，“切割线”一直延伸到了远处的山顶或者山边的弯道。正在聊赖之际，我突然发现了远处的羚羊，司机急忙减速，等到羚羊身边，我们刚好停下。大家不敢有丝毫的惊扰，因为我们都拿出相机准备捕捉这难得的遭遇。我们停留了一下才轻轻地打开车门，3只羚羊毫无防备地在我们的近前啃食着地上的枯草。也许是母子，1只大羊领着两只小羊。大羊似乎正在褪毛，身体上略显斑驳；两只小羊古灵精怪，十分可爱。也许是吃饱，也许是感觉我们咔嚓咔嚓的声音有些烦躁，或者是才迟钝地发现我们的存在，在大羊的带领下，3只藏羚羊突然一下向远处奔跑起来，将我们远远地甩在身后。它们身体固有的黄褐色，轻易地就将自己隐匿在辽阔的天地之间，让我们再也无法用双眼去追寻它们的踪迹。

▲偶遇藏羚羊

索南达杰保护站是我们身边可可西里保护区的第一个保护站。在这漫漫荒原上，能够发现路边这样一片红色的建筑并不困难。当老同志问我是否落脚的时候，我不假思索回应要“面见”一下英雄“索南达杰”。也许很多人和我一样，认识和记住这个藏族名字是通过陆川的那部《可可西里》。这部电影我看了很多遍，网上关于电影的评论也看了很多。有这样一句说出了我的感受：“这是一群为了生存的人与另外一群为了生存的人之间的斗争。”他们或褒或贬的人生结局完全是时代主题所造成的。贪婪和善良是并存的，它们属于全人类的共有特性，绝非被哪一个地区或者哪一个民族所独占，而唯一的评判标准只是一些作为是否能够符合主流的利益。

《可可西里》中发生冲突的两拨人群的矛盾可以从很多的层面加以解释。最直白、最浅显的，便是从环保的角度去解说。在人类的历史上，因为人性的贪婪已经直接或间接地灭绝了太多的生物物种，而酿成这种恶果的人们充分而均匀地分布在人类社会的各个时空纬度。在青藏高原脆弱的生态系统中，以自动步枪为工具，对高原生灵以种群为单位进行屠杀，既是被现代文明放大后的人类罪恶，也是在赤裸裸地突破着高原生态平衡的脆弱底线。从另外一个角度看，这部电影也是可可西里邻近地区的人们对于外来者的仇视和驱逐，的确是“一群为了生存的人和另一群为了生存的人”之间发生的冲突。再换一个角度，不知大家有无注意到，片子里的精灵守护者几乎都是藏族人，而偷猎者们虽然未被点名，但是从他们的姓氏来看，他们的民族属性也比较一致。所以，这场冲突也是两个族群之间的冲突。当然，无论是哪一方，偷猎者之所以用生命去偷猎，而反偷猎者又是以生命去捍卫他们的“事业”，这一切都是源于这片浩大天地对于人类生存而言的那份贫瘠。

索南达杰保护站是一片艳红的砖墙建筑，保护站前立着一块巨大的卧石，上面以朱红字迹书写着站名。保护站正中的大厅是一个展厅，起初我并未意识到里面的展示内容。然而，进到大厅内，我没有准备的内心立即被一种面对英雄的庄重感和崇敬感所充斥。英雄的遗照、洁白的哈达、英雄的事迹和遗物，以及他们捍卫家园、保护环境、以一敌众的英雄主义精神一点点地震撼着我的心灵。每一张图片，每一个物件，每一段文字在我面前都变得立体而完整。站立在索南达杰和他的英雄兄弟们曾经站立的地方，更能鲜活地感受到那一次次人类因为生存而进行的人性的角斗。我并不善于言辞，更怯于在公开的场合发表观点。但是，在这个展厅的终点，在一本留言录前，我突然产生了一种一吐为快的冲动。我已经回忆不起那会儿我究竟写下了什么内容，只记得自己趴在那里写了很多，以至于老同志两次过来催促我抓紧赶路。

这一路穿越了很多辽阔平坦的草原，翻过了很多高山大梁，天气一直晴朗。大概中午的时候，我们到达一处小镇，路旁高高悬挂的蓝牌子提示我们来到了“恶名昭著”的五道梁。用恶名昭著这个词形容五道梁是我在一个资深骑行者的游记里看到的，之所以使用了这样一个严苛的字眼，是因为这里气候怪异而多变。而这一点对于缺少遮挡和防备的自行车骑行者来说，无疑是痛苦的。因此，他们痛批此地“恶名昭著”也是顺理成章。在五道梁，我们同车的人已经有人发生了身体的不适，于是在五道梁准备了一个氧气袋。而就在这短暂的停留时间里，之间一小片乌云瞬间变成了纷纷的雪花，一会儿撒湿了两侧店铺中间的道路。而在我们惊叹的时候，药铺老板轻描淡写地说了一句“这地方就这样”。

五道梁和突如其来的雪花都没有影响我们的行程，但是，另外一件耗费体力、甚至被我认为危及生命的事情发生了。似乎就是从翻过五道梁开始，我们的车出问题了，几乎每行驶出10公里，汽车水箱就要开锅一次。然后我们就需要放慢速度，找寻道路两旁存有清水的地方，为汽车换水降温。这是一件让人十分郁闷的事情，包括司机在内，一车的人都想不明白为什么这车的水箱突然就“坏”了。更加让人头疼的是这大车的水箱胃口很大，我们每每都得用一个25

公斤的大桶为它提水侍奉。虽然我没有出现什么高原反应，但是明显能够感觉到自己的脑袋比平日还要迟钝。而面对25公斤的水，莫说是提它行走，就是从路上搬动一下都已经觉得呼吸困难了。因此，我坚信，在这种环境下进行“重体力活动”是会危及生命的。每10公里在一个有水的地方停顿一下，也许对于司机来说是无比痛苦的，而对于我，如果能够省却那份高海拔地区的“重体力劳动”，倒也是一件十分愉快的事情。我们停留在水坑旁、小溪边，拍着旁边的青藏铁路，还能看到奔驰在其上的高原列车。它们游走在大桥之上，穿越在山谷之间。也是在停留之中，我们看到了远处的雪山，嗅到了高原稀薄空气的清爽，更触到了高原雪水的寒冽。

▲沱沱河

直到天黑我们才赶到沱沱河。黑暗中，我感受到了这里的“繁华”，密集的重型卡车堆满了道路两旁，大灯闪烁、发动机轰鸣，还有时时响起的汽笛。饭馆和住宿的招牌闪亮在醒目的半空，沿着公路，远远地望不到尽头。最后，我们在一处提供食宿的人家住下。

早上出门时，头顶的那片天空依然在蓝色前面蒙着一层淡淡的白色，没有热起来的阳光还只是照在高高的崖壁上。这会儿能够看清这个小镇的规模了，夜晚灯光的延伸效果的确迷惑了我，它确实不大；但是，望着那一辆辆停泊的重卡，也感受到了这方山谷的巨大。我们继续沿路南下，汽车游走在山谷之中，时而阳光耀眼，时而阴冷暗淡。道路十分宁静，似乎往来的车辆都在安歇，只有我们是最勤奋的小鸟。一路上在经历了爆胎和换胎的插曲之后，我们10公里一加水的节奏依然在“鸣响”，而我也依然在无奈地“危及”着自己的生命。就这样，随着我们继续向屋脊的攀爬，天气也越来越阴沉。虽然没有下雨，但那光色已如太阳包裹严实地坠落下去。而这时，我的头也持续地疼痛了起来，看着大家也一脸的倦意，并且个个撅起了一双双紫色的嘴唇。我看了一眼老同志，虽然目光依旧炯然，但也遮掩不住那份深深的倦意。此时，远处的蓝色路牌后面停着一辆大巴和几辆小车，大家都在一个缀有五彩旗的雕像前面合影。待我们靠近，我才看清那个蓝色的标志牌——“唐古拉山”。虽然头疼，虽然气喘，但那份新鲜的兴奋感依然让我们蹦跳了起来，以至于上车后司机开始批评我提水时候的各种抱怨。也是，在这个人生高度，在头痛缠绕的时候，居然“不顾生命”地开始了跳跃这种剧烈的运动。

也许是高处寒冷，尽管我们依然要时不时地停下来加水，但频次显然要少了一些。就这样，我们缓慢地进入了西藏境内，来到这两天来除了沱沱河以外最具人气的城镇。在这里我们找到了一家修车铺，修车老板很懂行，轻松解释了我们的状况，并安慰这是一个“小”问题。原来，这类柴油车除了水箱散热，还配有一个和水箱联

▲高原远景

动的风扇，当水箱温度过高时，风扇就会自动打开。因为风扇是电子控制，而微电脑中设置的数据是90℃，即水箱将要开锅的时候风扇才开始工作。而高海拔地区水的沸点要低，所以就出现了我们行驶中水箱已经开锅，而风扇还未启动的情况。风扇不工作了，就只能劳驾司机打开引擎盖待我提水侍奉了。看到修车师傅操作熟练，想必曾经有过不少人像我那样伺候过“车大爷”。

翻过唐古拉山，进西藏境内，我们就进入了羌塘草原。似乎从那时起，眼前的枯黄便不复存在。一眼望去，除了湛蓝的天空，就是一片片悦目的绿色。在这片盎然的绿景之中，我们又奔波了一个下午，待到太阳落山的时候，我们还在草原上驰骋着。慢慢地，我们越来越接近旅途的终点——拉萨，一路的疲惫似乎很快就能找寻到舒展的地方。

第二天早上，暴雨的劲头似乎还没有消去，天空依然阴沉。我一人出门在拉萨的街头游荡。拉萨市不算很大，我们住的地方距离布达拉宫广场也就十几分钟的步程。走在拉萨街头，我并没有感觉到太多的异样。只有少数的建筑具有藏族特色，当然还有路牌上多出的文字、路边的藏式茶馆以及手持转经筒的老太太，只有这些会时时提醒你正走在拉萨，而不是一般的内地城市。那天早上，令我印象深刻的不是宏伟壮丽的布达拉宫，而是它脚下的那座公园——宗角禄康公园。晨间，踏入公园还很湿漉的小道，还能看到树叶和草叶上挂满的水珠。公园一面临山，一面开阔，而那山的顶上就坐落着著名的布达拉宫。布达拉宫的建筑固然宏伟，但是巨大的山势更加衬托了它的磅礴。公园里惬意而热闹，郁郁葱葱，有花草、有水鸟，还有林间空地上一个个早起锻炼的“舞蹈方阵”；音乐声此起彼伏，甬道上散步的人络绎不绝，还有像我一样时时站住，仰望那天上的金顶宫殿的游客。

我对西藏的了解，对西藏文化的感受是从这次青藏之行开始的，而在此之前，我似乎无法用心稍稍多看几眼网上浏览过的唐卡图片，因为我感到那上面的人物、图案和色彩都已经超越了我感官能够轻易接受的美感。而这一次，在西藏博物馆、在布达拉宫、在罗布林卡，以及在我将近1个月的藏区的行程中，我的感官被改造了。这种感官的改造更是一种下意识的熟悉，在今后的日子里，哪怕一点蛛丝马迹，也能让我立即辨识出其中的藏族特色。后来在美国的很多博物馆或者艺术馆中，也会陈列一些中国藏族的展品或展区，而即便是一个挂件、一幅画混杂在众多特色各异的展品中，我也能一眼看出它们的归属。

参观布达拉宫是在一个阳光耀眼的午后，尽管已经在宫殿外围转了很多遍，但依然对其内部的庞大表示震撼。我们顺着折叠起来的台阶一级级地登入宫殿主体。台阶的白色反射着刺眼的光芒，旁边的扶栏厚重浑圆，台阶异常宽大，几乎可以并排容下两辆卡车。我不记得游览的次序，以及经历了哪些大殿，只记得如此宏大的殿

▲布达拉宫

堂瞬间就将我们一行人分开了。我晕头转向地穿梭在各个宫殿之中。有僧人诵读经书的殿阁，窗明几亮、和风煦煦，满屋的金色装饰。一个喇嘛正在和一个便装打扮的中年男子交谈，讨论似乎十分专业的宗教问题。这位喇嘛应该是我整个游览见过的唯一僧侣。在众多的宫殿中，有几个大殿陈列着巨大的佛像，据说都是前几世达赖喇嘛的雕塑。佛像姿态各异，雕琢精致。比较有趣的是，佛像前总会撒满各种面值的钱币。而除了人民币外，还有很多美元、欧元、日元和韩国的钱币。因为背景知识的贫乏，我在布达拉宫里就算是一个彻头彻尾看热闹的。本想对自己的无知惭愧一下，但又一想，不说看懂这里的每一样陈列，就算记住每一尊佛像的名讳、大概了解藏传佛教中的几个经典故事的人物和情节，这功夫都绝不亚于通读几遍《古兰经》或者《圣经》。想想也对，人家的宗教和文化有着千年的历史，而经年累月发展和传承其文化精髓的又是这辽阔之地的众多精英人物。所以，即便此时回忆我那青涩的时光时，即便产生种种再次踏上行程的冲动时，我也依旧会坦然地将自己摆在看热闹的那波人群之中。

在之后的日子里，我们游逛了罗布林卡和色拉寺。对于这两个地方，我现在几乎没有什么印象了。只记得同行的人一直在盼望观看一场僧侣辩经的场景，在罗布林卡未能如愿，驱车赶到很远的色拉寺也未能成愿。旅游是需要文化的，尤其对于拉萨这样一个地域性的文化中心，如果没有太多的文化积淀，游览的过程和结果会一样的单调无味。对于我来说，倒是藏式茶楼、八廓街的琳琅满目以及大昭寺前的熙攘人群更加有趣。

大昭寺应该是我在拉萨见过最为热闹的地方，也许往来的人并不比布达拉宫广场的人多，但这不够宽敞的空间明显地提升了人的密度。在大昭寺前，烟雾缭绕，而在这里磕长头的藏人也更加的多。他们或者年迈、或者年少，有时能看出是一家老少在举行着这个虔诚的宗教仪式。他们精神集中、目光专注，尽管周围的外人纷纷驻足观赏，抑或是在按动着相机的快门，这些都无法干扰他们执着的目光和坚定的行为。

拉萨海拔高，植被少，周围的山上多是裸露的岩石；宽广而激流奔涌的河水绕城而过，连接着周围近郊的很多村庄。在司机同志的帮助下，我尝试着采集我期望的昆虫标本。但是，两三天的时间，无论山谷还是农田，白天还是夜晚，我的所得都是寥寥无几，而此行的终极目标——蟋蟀，更是不觅踪迹。那晚，司机同志将车开到了一个无人的山沟里，两面大山，缓缓山坡下面给我们留下一片很大的空地。在平时，在一般的采集地，这样的环境是绝佳的灯诱场所，但是望望光秃秃的山坡，我的确信心不足。但是，既然来了，有了这样一个“看似不错”的地方，我也只能试一试了。司机同志的车因为是博物馆的专业车辆，所以，车上挂灯的横梁、挂布的栏杆、遮雨棚和发电机一应俱全。很快，在太阳还未落山的时候我们就将“战台”铺开，等待这个神秘的地方发生让我意外的“神迹”。待到天空完全黑下来的时候，我就静静地看着幕布上的情况。

等到1个小时过去，我苦笑着告诉司机同志，这种传统的诱虫方式在这里比较适合进行昆虫的多样性统计。不能说没有虫子，一两只蛾子还是有的，但是，除此之外，连一只蚊子都没有。又过很久，大概司机同志也不耐烦了，问我的意见，望着始终洁白的幕布我苦笑了一下，但依然心有不甘看了下手表，对司机同志说："再等15分钟！"15分钟，我大概也就是随口说说，因为我确信不会有什么"神迹"出现了。山谷中的这块空地以前应该是有人家的，因为脚下有些地方还能看出曾经磨平的、方方正正的水泥地。拉萨周边的山石都如同布达拉宫座下的那座山石，坚硬而泛着铁锈一般的色泽。此时，这个山谷空地就散落着很多这样的大小碎石。我一边看着静寂的、被我的高压汞灯照亮的山坡，一边煞有介事收起那一两个不大不小的螟蛾。然后，在约定的15分钟到来的时候，真的没有发生任何意外的事情。我跟司机同志打了招呼，就开始拔电、收布，然后心情沉重地回酒店去睡觉。

归期将近，虽然我收获了无数的自然、人文风光，体验了无数的人生第一次，但是，我这回出来的正事儿却毫无进展。似乎前夜灯诱时候那份不甘继续在我的内心深处发酵。从西宁开始，在走遍整个青藏高原，以及我对众多蟋蟀物种的分布记录来看，我认定了，在这样的高海拔地区，罕有蟋蟀的物种分布，而我如果想在这样一片区域有所收获，就必须往低海拔的地区去搜索。于是，传统的西藏采集地，更加具有神秘色彩的地方浮现在了我的脑中——墨脱。我立即向司机同志谈了我的想法，他认为可行，但是他因为有送标本的重要任务，所以，接下来的行程只能由我独自完成。在拉萨，这个西藏最发达的地方，我已经深深感到语言交流上困难，如果走到接下来那些偏远的地方，我都无法想象自己将会遭遇什么。这些扯拉我继续南下的种种犹豫不决只是在我的脑中一闪，便被自己对西藏行程的完美追求所打消。是啊，青藏行怎么能在拉萨戛然而止呢？于是，就在这天的上午，我独自一人，从拉萨市汽车站坐上了开往林芝的汽车。

在车上，靠着窗户发呆。我没有去想接下来的行程，因为我之前没有读过任何关于西藏旅行的攻略，更没有实验室前辈们的采集经验可以借鉴。我的发呆一来是着迷于窗外的翠绿和精致的藏族物事，二来是在享受独自旅行时的那份宁静。往往，团队有团队的便利，独行也有独行的洒脱。那会儿凤凰传奇的歌声刚刚兴起，以前只是感觉好听，完全没有想象到，那首首歌声和眼前的绿草、高原、雪山是那么的协调。

进入林芝地区以后，正是下午四五点钟——一天中阳光最为美丽的时间。那一刻，不光是天变了，连那山石、树木也变得陌生而令人震撼了。那会儿，蓝色的天空上点

▲高原、远山、牦牛

缀着几朵松软而清淡的白云，车在动，它们也在飘。一条宽广而墨绿的大河将我们和对面的大山分开。山石已经不再是锈色或者土黄色，而是深沉的黑色。由河岸的岩石往上延伸，是斑斑驳驳的翠绿草坪，远远看去小小的一块；在草坪的周围，在整座大山之上，长满了粗壮、笔挺，似乎株株都要与山峰试比高的松树；那座被绿草和大树所依托的高山，仅以陡峭的绝壁向我们炫耀，它更像一把锋利的钨铁菜刀，而那树和草就是以这巨刃雕琢而成。到了八一镇已经很迟，我在离车站不远的一家旅店住下。吃过饭，乘着太阳的余光我来到了八一镇的江边大坝，期望从那里能听到什么可以让我心动的声音。沿着大坝走来，除了江水的声音、过往车辆的声音以及饭后遛弯人的聊天声，我听不到一丝的虫鸣。心中不免有些失落，索性回旅馆和店老板聊天。说起了进墨脱，这下店老板突然认真了起来，问我有没有通行证。通行证？这么一说让我有些摸不到头脑，实在想不出行走在祖国的大地上还需要什么通行证。细问之后才了解，原来这个通行证是指公安部发放的“边境通行证”。这样一说我就想起来了。早年间，实验室的人到西双版纳采集标本的时候也是需要通行证的，只是后来西双版纳开放旅游，取消了通行证的限制。但是，进墨脱是需要的。店老板指点我到林芝的公安局去办理。于是，我在八一镇的停留时间延长了。

接下来，我又将面对一次“抉择”。我究竟是从八一镇附近步行进入墨脱，还是转到波密，从那里乘车进入墨脱。按照很多虫友的方略，以及从各种论坛上读到的帖子来看，大家都会选择从米林的派乡徒步进入，翻过雪山、穿越原始森林，到达墨脱，然后乘车返回波密。这条路线是无数徒步者和高原采集者最为推崇的。这样的行走需要莫大的勇气和周全的准备。

在一番犹豫和所谓的“抉择”之后，我放弃了那个更具挑战，更能体现“穿越西藏”精神的挺进墨脱的方式，而选择了一个听上去十分轻松的方式——先到波密，然后乘车进入墨脱。当天下午我就从八一镇乘车赶往了波密县。经历了一路的绝美风景，来到了那个闻名的“通脉大桥”。这是一座国道上的木桥，每次只能容纳一辆汽车通行——当两侧同时有车的时候，只有一辆车可以通过，而另一辆车必须等待对向车辆过来以后，才能上桥通过。据说，就是在这座通脉大桥的附近有过无数的车辆坠下悬崖，崖下有着一堆堆的报废车辆。

那天，到达波密的时候天已经黑透，波密县城的很多店铺都已经关门。我和在车上认识的资深驴友陈大姐找了家青年旅社。因为太迟、太累，也太饿，于是在旅社里拿了碗泡面吃了就去睡觉了。

第二天一早，我就出去打听前往墨脱的“班车”。问了一圈才弄明白，根本就没有什么“班车”，能进去的“客车”只有丰田越野，大家必须拼车，而且每位“乘客”的“票价”是700元。司机们还告诉我今天的车和座都已经预约出去了，我想走的话就只能等到明天了。于是，我和司机要了联系方式，并且约好明天出发的时间和地点。这时候，我想起了一件事儿，据说在波密分布着一种哑蟋，那么，我是否趁这一天的时间去找找呢？

哑蟋是一类十分特别的蟋蟀。说到蟋蟀我们都不陌生，雄性蟋蟀是通过自己的鸣叫招引雌性蟋蟀与之交配，进而完成基因的传递

▲卵翅哑蟋 *Goniogryllus ovalatus*（图片提供：张韬）

▲刻点哑蟋 *Goniogryllus punctatus*（图片提供：张韬）

和后代的繁育。那么哑蟋的第一个特别之处，就是它们缺少发音器官，无法鸣叫。绝大多数哑蟋是不具翅的——既没有发声用的前翅，也没有飞翔用的后翅，它们的整个背侧裸露在外。当然，在自然界中，没有绝对的事情。有些哑蟋是具翅的，比如卵翅哑蟋，在它们前胸背板的后侧能看到很小的翅芽，多少有些革质。那就是它们的前翅，而在这小小的翅芽下面，还有更小的、没有发育的后翅的痕迹。还有一种比较特别的哑蟋，当这种哑蟋刚刚被发现的时候，因为它的“特别”被划分为一个单独的属，即秦蟋属。秦蟋是具翅的，前后翅都很发达，但是它们的雄性前翅和雌性前翅一样，不具有发声的结构——也就是说，这种哑蟋的雄性即便将它们的前翅抬起来彼此摩擦，也无法发出声音。

哑蟋的另外一个特别之处是它们的分布特点。哑蟋都是斑块化分布的，很难在相邻的地方找到两种不同的哑蟋；而它们的这些斑块化的分布地都犹如一片片“高山岛屿”，这些特别的“岛屿”必须拥有一定的海拔高度和“适宜”的温度。我们知道，蟋蟀是一类喜欢温暖的动物，在热带地区和寒带地区，蟋蟀的种类和种群分布密度有着天壤之别。比如在整个吉林省，蟋蟀的种类不超过30种，而在云南的一个小村庄，只需要一个晚上就捕捉到五六十种蟋蟀。但是，哑蟋是一类怕热的动物，它们几乎只分布在一个个的山头上，且无法适应低海拔地区的“高温”。这年5月份的时候，我饲养了一对从浙江采集的哑蟋，原本希望它们能够在实验室里繁育下去，结果一次意外的断电让空调停止了一个下午的工作，两只哑蟋就双双死去；而与它们一起养殖的几只斗蟋直至今日仍然活蹦乱跳。在波密分布的这种哑蟋叫作“波密哑蟋”，但是，采集信息有些模糊，只是记述它们采自于波密，具体哪里却不得而知。望着波密县城周围立陡的大山、挺直的松树、宽广的大河，还有远处洁白的雪山，我真的不知道去哪里找那小小的“波密哑蟋”。

回旅社的时候我见到了陈大姐，她原本前往米堆冰川的计划也因为没车而推迟到明天。听说我要到周围捕虫子，她顿时来了兴趣，说要随我同去。我犹豫了一下，毕竟寻找哑蟋是一件大海捞针的事情，有帮手总是好的，所以我就同意了。我回去收拾了一下，就下楼和陈大姐一同沿着国道往东边走去。国道顺河而下，我们没走多远就离开了“人类世界”，道路两旁只剩下一丛丛的草木，而不见人迹。我一边捉着蝗虫，偶尔拿出吸虫管来收集一下不多的叶蝉，一边翻看着地上的石块，希望能够找到哑蟋。陈大姐一路都很兴奋，不停地用相机拍摄着周围的山水。就这样，我们沿路而下，时而在路边平缓的山坡上搜寻一番。在公路的一个转弯处，我们遇到了一个磕长头的“家庭”。往往，我们看到的都是孤独的修行者，但这一次，我看到一个完整的家庭，以及他们的后勤补给。5位在公路上叩拜的人，有大有小、有男有女、有老有少，那是一对年轻的父母带着两个孩子，队伍里还有一位上了年纪的老太太。对于这个“庞大”的队伍，我和陈大姐都很好奇。要说这一路下来，看到藏民的这份虔诚我们已经见惯不怪了，但是，见到这样一支“队伍”，并且占据了一个车道，还是有些惊奇。然后，在我们目送他们远去后不久，看到了一位老先生正驾驶着一辆四轮拖拉机缓慢地行驶在公路上，车斗上搭着一个军绿色的帐篷，浑然一个小屋的样子，待他过去，我们发现帐篷的门是敞开的，里面灶具铺盖清晰可见。我和陈大姐终于知道，他们在修行的时候是能够得到必要的后勤支持的。

我们一直沿路走了近3个小时，能翻的石头都一一找过，只是依然和蟋蟀无缘。那会儿早已过了午餐的饭点儿，于是我们开始返回县城。陈大姐告诉我，她是飞到拉萨的，然后就一直混迹在各种“有名”的青年旅社，一路搭着不同驴友，她决定在看过米堆冰川就回到林芝，从那里返回深圳。

第二天早上，我在约定的时间接到了司机的电话。又是一个阴雨绵绵的早上，我背起行囊行走在湿滑的水泥马路上，在司机告诉我的地方，看到了一辆深绿色的丰田4500。司机是一个藏装大叔，肉嘟嘟的脑袋和魁梧的身材。他接过我的背包放到了后备厢，然后指点我坐到了副驾驶。车后已经坐了一个精瘦的男子和他的同伴，我等了好长时间，司机大叔才开起车来，但只是调转车头奔向了城里的方向。原来他是要去市场接两位与我们一同乘车的人。到了市场，两个年轻的藏族青年开始往车后摆放大箱小箱的东西。这俩人一男一女，一胖一瘦，一高一矮。虽然穿戴着类似藏族的服饰，但皮肤没有那么黑，肤质看上去也水嫩很多。在司机大叔再次掉头之后，我们步入了“正轨”，开始正式踏上我的墨脱之旅。

离开波密县城，过了一座大桥，我们就进了山。虽然一直处在山区，但此时，车已经行驶在高山的半坡上。山路宽阔，两边绿意盎然，宽阔的深涧中依稀能够听到河水的奔流声；雨水浇淋后的沙泥路泛着白浆，我们座驾的后窗已经被泥水糊严实了。行驶了1个多小时，我看到了雪山，看到了被剖开山体裸露出来的冰川。在那灰石大山的底下有一个涵洞，外面的大片空地上停留着很多工程机械。

远远地还能看到一些身着迷彩，头戴艳丽安全帽的精壮汉子在那里移动。司机大叔告诉我，这里要修一个隧道，等隧道修好后，我们就不用翻雪山了。后来，我知道这个隧道就是前两年新闻联播滚动播放的嘎隆拉山隧道，正是这条隧道结束了全国最后一个不通车的县城的历史。说着话，我们缓缓地登上翻越嘎隆拉雪山的盘山道路。这条山路，看上去十分结实，基本上都是在山石上整体开凿出来的，道路和它的内侧几乎是完整的岩块。慢慢地，我们上到嘎隆拉山的山顶，尽管阴云不散，天空还在抖撒着毛毛细雨，但丝毫没有掩盖这山顶的生机盎然。斑斑驳驳的绿色点缀着灰黑色的山石，红色的杜鹃花散落其间，更有一株株的雪莲花在眼前晃过。司机大叔在一个高点将车停了一会儿，准许我们下车活动活动。于是我就跑到近旁拍摄那传说中的“雪莲花”。当然，后来我拿着照片请教了我从事植物分类的同学，他告诉我那不是雪莲花，而是“雪兔子”。到了嘎隆拉山的极顶时候，我看到了所有西藏高山特色的玛尼堆和五彩经幡，就在我欣赏那随风而动的经幡时，突然听到司机大叔大声诵读了一句经文。

▲雪兔子

我没有煞有介事地追问大叔刚才念的是什么，只是感受到了藏族人的虔诚。虽然嘎隆拉山以“雪”山著称，但我并没有见到丝毫的雪，反倒在攀山时候，下面有很多庞大的、稍稍发黑的冰川。翻过嘎隆拉，雨水似乎大了，好几处的山石路的路面上都流淌着溪水；甚至几处溪水“从天而降”，击打着通过车辆的车顶。下山以后，在我还未从险峻的山路颠簸中清醒的时候，司机大叔将车开上一个山洼中的平台，在一排木屋前，司机大叔下车去和出来的警察打招呼，回来后，他收起我们的通行证，然后告诉我们去里面登记。木屋里，我在一个烛光般的白炽灯下往一个本子上登记了我的身份信息。这个地方就叫作52K，是进入边境的检查站之一，但在我印象中，我的通行证只在这里使用过一次。我们再次出发的时候，我问了一下司机大叔，如果没有通行证会怎么处理。他很认真地回答我：“如果没有通行证我就只能把你拉到这儿了。”

在山下行走又是另外一番风景，在这里我真正地见识了什么叫作原始森林。在一个山洼平地，我见到了一排排窜天大树，那树高有十几米，我坐在车里只能感觉到它们的高大，完全看不到它们的树冠；高倒也不足为奇，这树的粗壮却着实令我惊讶，每一株树的直径都接近甚至超过一米。怎奈自己对植物一窍不通，车子经过也就是那一刹那，连张照片都来不及拍，所以只留下感性的记忆。下午快到4点的时候，我们来到一个小镇样的地方。司机大叔说80K 到了，大家下去吃饭。熟悉墨脱或者了解墨脱的人大概都听说过整条扎墨公路上的几个关节点，它们都是以距离波密县城扎木镇的公里数来命名的。比如开始翻越嘎隆拉山的地方叫作24K；我们接受警察边防登记的地方叫作52K；现在这里是80K，是这条路上最大的一个人员以及货物集散地，这里吃饭、住宿一应俱全；再往后还有108K，以及最后到达144K 的墨脱县城。以里程数来标记地名，而且使用频率和密度如此之高，大概也只有这个祖国大地上还没有公路的地方才会出现。

再次启程，我关注起了那两位在波密县城大箱小箱装了一车的“藏族青年”。当我和那位矮胖一些的青年女子交谈后，不免觉得有些诧异。她的普通话说得好流利，好标准。跟这位“藏族美女”交谈之后，我才知道他们不是藏族人，而是在墨脱县土生土长的门巴族人。这位门巴族女子名叫旺久措姆，她是我在墨脱县城认识的不多的几个人之一。后来，我在墨脱县城采集的时候，时常要经过她家的小卖部，她都会招呼我进去坐，而我也会大大方方地过去跟他们闲聊。

其实对于扎墨公路，翻越嘎隆拉雪山前的路程只能说险，而真正难走的路恰恰在翻越雪山之后。在雪山南坡，海拔逐渐下降，慢慢进入亚热带雨林环境，路面湿滑、路基不稳，泥石流多发，给行车造成更大的困难和风险。那天我们翻过嘎隆拉，雨点还在细细地喷洒着，过了80K以后，似乎经历了一段薄云，淡淡地透来阳光的明亮。离开80K没有多久，我进入了一片林地，在粗石泥路上晃晃悠悠。这一路有很多次都需要跨河而过，没有桥，山涧中流淌下来的水直接横在了路上。路更难走了，车辆两次经历轮子塌陷打滑的惊险，凭着全车人的经验和共同努力，终于化险为夷。紧接着我们还与一次山石塌方擦肩而过……

▲雪山南坡的深涧急流

▲乘车进入墨脱

经过这几次三番地折腾，我一点没有感到困顿和疲倦，反倒更加清醒了。慢慢地，天色完全黑了下来，司机大叔也打开了前照灯。在灯光的视野中，我看到了宽大的芭蕉叶，看到了相隔很远的蓝顶房屋。将近11点的时候，我们终于看到了密集的人家，水泥的房屋和宽阔的街道。我不知道自己的目的地和落脚点，所以一直坐在车上，等着“班车司机”告诉我：“终点站到了！”司机大叔把我拉到了他晚上歇脚的地方，但了解到这家没有可以挂置诱虫灯的天台，我就决定再寻他家。墨脱县城的规模很小，只有一条街道，临街有着一些超市、饭店和旅社。最后我住在了墨脱县公安局的对面，这家有个容易上下的天台，一面背山，一面开阔，位置十分适合灯诱。用泡面果腹之后，我便困倦地睡下了。

早上我醒来的时候外面还十分暗淡，看看表，已经8点钟了；外面一片安静，似乎一个宾馆里就住了我一个人。顺着窗户我忧伤地看到了外面的阴雨，不过我还是收拾起工具，出去采集了。出了宾馆门，右手是我们来的方向，于是我向左边走去，那里是由派乡进来的方向。走过宽阔的水泥街道，转了一个小弯儿，穿过一小栋居民楼，就到了一个上坡。沿着坡道往上走不远是小学，小学的对面是一个山坡。天气虽然不暖和，但我完全忘却了自己刚刚从雪域高原上下来。这里满处绿树盈盈、鸟叫虫鸣，空气润泽、芬芳而令人清爽，走起路来脚下也利索很多，少了那种酸乏的感觉——海拔降低了，温度上升了，氧气增加了。在青藏高原生活十几天，然后在西藏腹地碰到这样一处温暖而充满生机的地方，实在让人惬意。山坡往上，大概学校对面的位置是一处直升机停机坪，三四个方框里面画着圈圈并标记了序号。再往里走就是往派乡方向的山路，路很窄，内侧紧贴高山峭壁，外侧便是悬崖下的雅鲁藏布江。向下望去，江面并不宽阔，但水流很急。白昼的雨天，道路两边的草木上虫子并不多。晚上，我在宾馆的屋顶上挂了诱虫灯。这个位置很好，前后都无阻隔，屋顶又宽阔平坦。这第一夜便诱到一些蟋蟀，这是我入藏以来的第一批收获，经历了漫长的旅程，我的主业总算开张了。而且，这其中一对极小的异针蟋和黄蛉让我心中窃喜。就这样，阴雨的白昼拖沓了我两

▲太白异针蟋 *Pteronemobius taibaiensis*（图片提供：张韬）

三天。一个早上，当我照常出门的时候，发现这一次有了朝阳。这一刻，我第一次见到了墨脱县镀金后的样子，也看清了周围的高山，以及山上依稀可见的路径。

这一天我改变了方向，不再往派乡方向走了，那条路我走一天也只能浏览峭壁悬崖散落出的少许草木，捉虫的机会太少。于是，我穿过县城，顺着往派乡相反的方向走。对面是一面高山，早上正处在太阳的阴影中。山尖上勾画了几笔清淡的云丝，远处山腰上依稀可见的土黄色曲线显示那里是一条上山的公路。走出墨脱县城的水泥路面就是一片泥泞的土路，几天雨水泼洒后的炉渣路面黝黯深沉。刚入土路的时候，两侧散落着几间民房，往里就是荒地山林。林地上都是些次生的低矮树木，林间生长着茂盛的荒草，阳光此时已铺满了树枝和草叶。这个季节没有花香，这样的林地里大概也找不到瓜果，但是，鸟语虫鸣更加欢快，阵阵陌生的音响从上面或下面传来。我低头顺着声音一看，便见到了一个黑黑的“大”家伙，心中又是一股喜悦。地上这个黑乎乎的大个头地栖蟋蟀已经久违了。看到它我想都没想就顺手抄了一网，抬起网兜我兴奋地翻查了一番，除了打碎的草叶和双翅目的小虫再无其他。我定了定神，没有多想就顺着声音去搜寻下一个目标了。这一看我顿时心安了，这东西在这里并不罕见，只见草丛中大大小小的黑家伙一蹦一跳，有些大意的家伙居然毫不隐蔽地趴在我眼前纵情高歌。其实，有蟋蟀存在的生态系统中，蟋蟀的生态地位十分“低下”，它们常常作为自然生态中众多动物的高蛋白来源，说得直白一些，它们在生态系统中主要是用来被吃的。因此，在长期的关于生存能力的筛选下，很多蟋蟀都习惯将自己隐蔽起来，尤其鸣叫的时候更会小心翼翼，否则，叫着叫着，招引来的很可能不是它期望的异性，而是要命的猎手。此时，这几个大大咧咧的黑家伙应该是那些会被淘汰的个体的代表。这次我松了口气，没有焦躁地扫网，而是走近它们，把网兜轻轻放到它们前面，然后在它们的后面跺了一脚，只见一头黑家伙乖乖地“逃”

进了网兜。我提起网定睛观察，心中又是一喜，原来是那种罕见的巨首棺头蟋。棺头蟋是蟋蟀亚科下的一个属，这类蟋蟀的脸面就如同被刀斜斜截走了一部分，成了一个整整齐齐的截面。因为内地常见的种类头顶尖圆，像极了装殓死人的棺材，所以常常被称为棺材板、棺头蟋等。当然，因为这样的长相，经常会被人们嫌弃。同样叫、同样斗，但是很少有玩家会喜欢它们。此时这种棺头蟋名为“巨首”，顾名思义，它们的脑袋很大。这个特征十分明显，头部硕大，宽而长，占据了身体大概1/3的部分，让我一眼就认出了它们。而在此之前，我只是听说过它们的名字而已，当然，它们记载中的分布地刚好就在这里。

▲多伊棺头蟋 *Loxoblemmus doenitzi*（图片提供：张韬）

收了不少巨首棺头蟋后，我将注意力转移到了树梢上面，那里传来一种略微低沉的、电流一样的声音，很陌生，我甚至不能确定那是蟋蟀在叫，还是螽斯在叫。我在树前往枝杈里张望，没有看到什么，于是认真扫视起来。采集标本有时要动，有时也要静。在确定蟋蟀大概方位后，我都会静静得像扫描仪一样，对着大树一层一层、一枝一枝、一叶一叶地观察，生怕漏掉了它们的踪迹。这个方法听上去比较理性，但实践中似乎比较低效。因为在后来的经历中，我发现，但凡需要扫视的时候，一定是将蟋蟀们的方位判断错了。它们确实在这附近鸣叫，但绝对不会在你扫视的位置，应该更远、更高或者更低。当然，那个时候我还是在扫视的行为上耗费了很多功夫，费尽一番周折后，我才在树下的蒿草上面发现了它们。这些蟋蟀并不陌生，正是我所熟悉的墨蛉，似乎也看不出什么奇特的地方来。墨蛉是一类小型蟋蟀，喜欢栖息在草叶上，常常聚集。如在一处发现墨蛉，则其周围存在较多个体。墨蛉虽然体小，但算是蟋蟀中的漂亮类群，它们的体色有红、有黑、有白，模样比较喜气，在鸣虫玩家的手里经常可以找到这类蟋蟀。那会儿，中国的墨蛉记载有三种，分别是赤胸墨蛉、黑头墨蛉和黑足墨蛉。从命名上可以看出大家在体色存在一些差异，正因为如此，那会儿应用的

▲赤胸墨蛉蟋 *Homoeoxipha lycoides*
（图片提供：张韬）

▲赤胸墨蛉蟋 *Homoeoxipha lycoides*
（图片提供：张韬）

▲黑头墨蛉蟋 *Homomeoxipha obiliterata*

墨蛉检索表也是以体色为检索特征。在那时的认识中，赤胸墨蛉分布广阔，似乎存在于大江南北；而黑头墨蛉与之差异很小，并且分布常常重叠。另外一种黑足墨蛉倒不常见，记载中仅仅出现在湖南、四川等地，并且因为体色十分深暗，所以不易与其他两种混淆。基于这样的经验，以及对赤胸墨蛉的熟悉，我当即认为墨脱也有赤胸墨蛉的分布。这一天我一直沿着山路上到很高的地方，不过还是没有越过山顶，因为这山太大、太高。后面又采集到了一些稀罕的标本。

不过，好日子并不长，我从波密进墨脱前收到了学校的通知，月底学校会安排博士生开题，并且这一次是这一年度的唯一一次。没有办法，我的墨脱生活只能限制在一周之内，然后我还要预留时间给返回杨凌的漫漫长路。很显然，这次采集有些虎头蛇尾，在缺少蟋蟀资源的地方耗费了大量精力，而到了圣境反倒没有时间在此充分停留。虽然返回的路程充满了艰辛，但仍然改变不了我用四个字概括这趟苦差——草草收场。

回到学校，过了一两个月我才开始逐一整理从西藏采集到的标本，个个令我“窃喜”过的标本都被仔细钻研过。而那些墨蛉被我冷落在了标本盒中，直到有一天想起它们的时候才又翻出来观察。在体式显微镜下一看，顿感它们的特别之处。这个墨蛉显然比赤胸矮短一些，与身体相比，前翅的翅面又显得宽了一些。不过，这些感觉即便确实是它们与常见赤胸的差异，也不足以就此证明它们与赤胸不同。于是我将这些标本还原，解剖出了它们的雄性外生殖器。这样一看，我不禁高兴起来。原来这个长着平素模样的小精灵并非一个普通的物种。而我，也并未在墨脱捉到赤胸墨蛉，而捉到一种“未知”的墨蛉物种。

关于墨蛉的很多文献我一时不能凑齐。大概3年后，我才凑齐文献，最终确认了墨脱墨蛉是一个尚无人报道的新物种。这样我就着手撰写研究报告了。我希望这篇研究报告不仅能够将墨脱墨蛉的发现公诸于世，也希望澄清一些该属的分类难题。

恰如我手上两种蟋蟀的主要采集地所显示，赤胸墨蛉会选择类似于它的模式产地如广东、广西、海南和云南这样的热带或亚热带地区；而黑头墨蛉则更倾向分布在江苏、浙江和安徽这样与日本纬度相近的地区。我们重新编制了墨蛉的检索表，自此，赤胸和黑头相混淆的问题得到了一个圆满的解决，而墨脱墨蛉也作为新物种被顺利地载入蟋蟀的分类名录中。

"蟋部"之旅

第六章

沙海黑蟋

▲曲脉姬蟋 *Modicogryllus consobrinus*（图片提供：张韬）

从捉虫的角度讲，我对新疆的期望并不高，甚至认为选择这里采集会有些鸡肋。因为新疆以干旱为主，不是多水多植被的地方，又基本处于高纬度、高海拔地区，而这类生境下，往往很难见到蟋蟀的踪迹；即便有，无论多样性水平，还是种群数量都不尽如人意。但是，新疆又代表着特殊的昆虫区系，其拥有很多在中国其他地方很难见到的特有物种，因此，这又是一片无法回避的地方。基于这两点，新疆采集的决定已经令人犹豫不决，而超乎想象的宏大空间范围更会让人望而却步。所以，新疆对一个采虫的西北人来说，既熟悉又陌生。熟悉的是它浩瀚的戈壁黄沙和浓浓乡音，陌生的是对它的体验和经历。

于是，只要脑海中想起新疆这片广阔大地时，我就会继续静静地等待时机。在一个暑假，在一个有人愿意随行，并且还能慷慨地与我分担旅费的时候，我有些“艰难”地确定了这个“时机”。其实，除了这个时机的天时、人和，我还对这片大地的一种蟋蟀有所期望。大概五六年前，我曾在一个研究所见过一对蟋蟀，它们的采集地点和采集时间都很普通——10月份、乌鲁木齐，它们的长相也不出奇，就是普通的蟋蟀模样，但我无法识别它们的种类，只能推测它们大概属于姬蟋属。虽然有机会一睹这对陌生的蟋蟀，但可惜的是保存标本的研究所将其中雄虫的外生殖器存放他处，而时隔数年，早已无法归位。因此，这对标本的归属和种类已无法得知。除了这一对标本，我还在其他收藏单位见到了一些新疆的姬蟋标本，其种类各不相同。所以，对于这次旅行我真的有所期待，但也有几分忧虑。期待的东西不言而喻，我将有机会认识一些新的蟋蟀物种；担忧又是采集的一种惯常心态，因为，标本这种东西从来都是可遇而不可求的宝贝，我去了就能捉到吗？

8月初的一天，我赶早从西安出发，乘火车往西宁与我的“西行同伴”们汇合。因为他们从北京出发，又垂涎于美丽的青海湖风光，所以早我两天来到西宁，在周边游玩。那会儿从西安到西宁还没有高铁，在火车上摇晃了10多个小时，直到下午6点时候才与同伴们碰面。一起来的有雷（Ray）和卷毛。大家在一个火锅店相互洗尘之后就决定离开西宁，连夜赶往张掖。离开西宁，我们沿国道227向门源方向进发。这是一条穿行于祁连山的公路，直到我们的新疆旅程结束的时候，我才知道这条路被称为“最美中国公路”之一。关于这条公路的“美”，我们此行只能耳闻，而无法眼见，因为这一夜大部分时间我们能见到的只有车灯照出的石崖峭壁，车灯没有照亮的黑暗，抑或亮得晃了眼睛的浓雾，除此之外，感受最多的就是道路的起伏。还好，祁连山是东西走向，而我们开拔张掖，仅仅需要由大山的南边翻越到大山的北边，所以路途并不遥远，漫漫山路的经历也只算点到为止。其实，这一路我们只翻越了两个垭口，海拔不算高，都在3700米左右。不过在夜幕的遮掩下，那短暂停留时的温差还是有着很好的提神醒脑效果。虽说这两个垭口都不高，但烁烁星光从清澈天空中的有力穿透，还是让人感受到了人与天的亲近。这天，我们夜里1点多在张掖市的一个旅店入住。

到达张掖，我们就算步入了丝绸之路通往西域的正轨。也从这天起，我们开始逐步拓展起自己的空间认知水平，开始用眼睛和体力来丈量这祖国的西域山川。第二天一早我们匆匆离开张掖，沿连霍高速一路西行，路过玉门、酒泉这些在诗文里常常会让壮士悲情落泪的著名关塞，我们也只是在高速路上远望遥想一下，为了及时入疆没做丝毫停留。传说中，这一路应该是一片无情的荒漠戈壁。或许是因为天气好、精神足，路上的景致似乎并不单调。绵长的祁连山脉随公路而行，它一直伫立在道路的左侧，仿佛在炫耀自己庞大的体量，又像在告诫我们，无论怎样努力也很难逃出它的“手心儿”。在道路右侧，常常是无比辽阔的灰黄色大地以及远处的天际，偶尔会有几处低矮的塔状黄土台地。这种台地叫作雅丹地貌，是白天的暴晒、夜晚的寒凉，偶降的暴雨以及常有的飞沙走石合力雕琢的西域景观，每一块台地、台地的每一个层次都历尽和正在饱受着以地质年代为尺度的宇宙沧桑。而对于我们，这份沧桑凝成的点滴却只

▲雅丹地貌

能令人惊叹一下、赏析片刻。恰如很多遗迹，经历过无数风云、甚至血雨腥风，但是除却不太耀眼的、历史感浓重的外表后，剩下的只有无比的平淡和静默。

如果以艳阳高照来定义好天气，那么彼时的天公实在是一位慈祥和蔼的老人。晴空万里、漫漫戈壁，深邃而幽远，真是一个恣意发呆的好氛围。不过，下午四五点的时候，在枣园附近还是遭遇了一小段风雨。不同的地域和不同的生活环境造就了人们对于自然的不同领悟。生活在雨水丰沛地方的人们并不会以下雨为奇，还会常常盼望天晴、盼望蓝天白云；相反，地处沙漠环境的居民会以重大事件发生时的雨水相伴为喜气，认为那是上天的一份馈赠。所以，通过枣园时候的那阵风雨让我们有些欣喜，而最直接的体验，便是空气的温润和一股股令人舒心的土腥味儿。当然，这戈壁上的风沙也是有几分特色的，它们是能够看得见的、一圈圈的龙卷风，规模不大，但数量不少，一眼望去总会有那么三两个卷起的“白烟”。柳园过去就离开了甘肃，真正进入新疆境界。这一段天气特别，景象也不一般。道路两旁没有高山，但散布着一堆堆的“铁”石头，是那种从地下升起来的褐色山石，点缀着铜锈并隐现着金属的光泽。

下午五六点的时候，那阵风雨早已被我们远远地甩在了甘肃，日头还似正午过后不久的样子高高挂在空中，我们到了高速路旁的尾亚停车区。尾亚这个名字也许不是那么响亮，但对我来说却并不陌生。《肖尔布拉克》是一本我看过很多遍并且百看不厌的小说。接触这本书是因为小说作者是来自家乡的本土作家，喜欢这本小说是因为自己心底的卡车情结。这部小说里的主人公在初入新疆的时候正是落脚在尾亚车站。主人公正是在尾亚开始了一个汽车司机的传奇人生，小说引人入胜的故事也是从尾亚拉开序幕。此时的尾亚只是缺少了小说中的那份热闹，而土坯房和微风拂过的漫天黄沙似乎还如几十年前的小说中主人公的见闻。离开尾亚便越来越接近哈密，而进入哈密，我的入疆采集就算正式开启了。

在进入哈密市区前，大概是刚刚刮过大风，或者哈密本色就是如此，看上去漫天黄土、植被稀缺，荒芜而不见楼宇，似乎这传说中响响亮亮的哈密也仅仅是因位置而有名气，而本身却黯淡的很。下高速，沿着荒芜的“土”路走了一段开始见到人工水渠，道路也逐渐宽大，两侧也突然间冒出了盏盏路灯。待到进入哈密市区，不仅见到了与想象中相符合的城市样貌，也见到了一片迥异于周边的树木葱郁和鸟语花香。一行人稍作安顿，吃了一家不算地道的手抓饭后就开始了我的“夜采”工作。晚上八九点的光景，在新疆，还远不是天黑的时候。此处有一个南湖水库，在干旱的地方植物和虫子也许会偏好水源丰富的环境，所以这里被我设定为入疆后的第一个采集点。然而，因为道路的陌生和夜幕的降临，我们在路上折腾了1个小时后，决定放弃五六公里外的这个水库，而选择市区内采集。其实，下午进入哈密的时候发现，论起水草丰茂，市区也的确是一个不错的选择。这里有一处人民公园，公园中凉爽怡人，树木高大而密集，有水塘、有草坪，最重要的是有悦耳安心的虫鸣！这一夜，哈密馈赠了我一些树蟋、针蟋、棺头蟋和双斑蟋。这些宝贝跟内地比起来似乎微不足道，但于我对这片沙漠的期待来说，已经很让我满足了。而且新疆的宽叶树蟋也是这一区系的特有物种，在中国的其他地方尚无记录。

第三天一早，我们离开哈密，向北往天山方向进发。也许是时差的原因，夏季哈密的朝阳和煦温润，既舒适着人们的皮肤，又装饰着这原本单调的大地。昨天我们从南面进入哈密，今日北上，由城北逐渐离开这座名城。城北、城南似乎并无差别，除了远处连绵的高山，都在毫不掩饰地表明，绿色的哈密城就是包裹在荒漠之中。一条不甚宽阔的公路笔挺地趴伏在茫茫戈壁平原上，直指远处的山脉。此时，在朝阳的映射下，这路以及周围稍一弹指就能起灰的大地都泛着一层可人的橙黄色，温暖而亲切。一路北上，我们来到了一个转弯的小山口，太阳也到了内地早上八九点的高度，眼前的一

▲中华树蟋 *Oecanthus sinensis*（图片提供：张韬）

切变得明亮，迎面的风景也成了褐色或绿色点缀的山石。这个小沟口涌出一段溪流，两侧分布着粗大的绿树和住家房屋。往里走，路渐渐变窄，离开住家不远，柏油路面变成了石子路，再往前就需要渡过这条溪流了。山水在峡谷中慵懒地铺开，占据了大约2/3的地面。水边近山的一侧此时正处在阳光的背面，阴凉清爽，大小卵石深深浅浅地分散在溪流中；远处的水岸向外侧蜿蜒，岸边满是绿草或者灌木，被高高的太阳照得油光锃亮。

我们在这里停留的时候，遇到三两骑摩托往来的当地人，他们说这土路可以穿过天山到巴里坤。这样的路径我当然十分欢喜，深处山中的野路上我刚好可以采集标本。但是，我们的“司机师傅”雷不大情愿，一来废车，二来这种路的不确定因素太多，万一出问题了不仅影响后面的行程，而且也许会让事情变得比较棘手。于是我们返回主路，沿着大路向东行进，左突右转，终于来到了一个入山的山口。其实，眼前这山正是天山东脉，而我们行进的主路正是通往巴里坤的323省道。小山沟里流水山石，虽然谈不上绿水青山，但褐色的山石、或黄或绿的植被点缀，给我们这两天来不断经历的灰黄色调带来了很多新奇，令人神清气爽。穿行在这天山之中，除了那份清爽，还多了几分亲切感。因为这里的山景，像极了我所熟悉的贺兰山，大概气候环境的相似，造就了它们共有的色彩。如何评价一座山的美丽，不同人会有不同的标准，我的感觉往往在于那种道不尽的新奇。祖国的名山大川去过一些，但每逢夏季，无论南北，似乎都是一片翠绿。一次，在7月中前往长白山的路上，望着道旁的景致，突然将其与西双版纳的风光联系到了一起。对于我这个植物盲，这道边或远处山上起伏的翠绿似乎没有什么区别，无论种类，在这个季节，它们的外观却是一样的。在没有离开家乡的时候，像所有的家乡人一样，喜欢漫天的青翠，但走得多了便发现，这种裸露过多、稍有点缀的大山是一种别样的风格，细品起来更加甘烈浓醇。

▲通往巴里坤的天山西脉

▲巴里坤湖

随着道路的延伸，我们进入了天山腹地，这里开始见到大片的草场以及远处高大、笔挺、墨绿色的松树，时不时还能见到立在金黄色山石上瞭望的旱獭。我们停了几处景致极佳的地方，慰抚一下初到新疆时候的那份兴奋。在一个叫作党参沟的地方，道路左侧是一个低矮丘陵，右侧有条小河，河的对岸是一片长满植被的荒地。这里被我选做了一个采集点。不过没有出乎我的预想，这个海拔和这个时间见到蟋蟀的概率并不大，阳光下，蝗虫和半翅目昆虫倒是很多。于是我捉了些蝗虫，便随大家一起赶路了。中午1点多的时候我们来到了巴里坤县城，这是一个十分清静的城镇。道路干净整洁，但没有什么人。县城不大，建筑规整，不华丽、很朴实。城内还有一些古迹，一圈古城土墙和一些包括寺庙在内的佛教遗迹。行万里路，读万卷书。如果不是亲眼所见，在我的日常认知中，很难想象在新疆哈萨克族的聚居地，曾经也盛行着佛教。在这里歇脚之后，我们继续沿路西行，

▲前往奇台路上的新疆草原

途径巴里坤湖。这是一个盐湖，盐湖的近处摆放着一些取盐碱的设施。湖面如覆雪一般，在阳光下泛着刺眼的白光，使我不得不肌肉紧张地眯着双眼。然而，这样的光景轻易就可以完成一幅传说中的“大片”，只需稍稍调整一下相机的角度，那唯美纯净，令人赞叹的惊艳风光照便降临凡间。当然，这样的风光照炫耀在朋友圈时，绝对不会有人告诉你那一刻拍照者的鼻息所承受的痛苦。

我们今天的目标是奇台县下面一个叫作芨芨湖的地方。芨芨湖这个名字我是从一个采集标签上得知的。那是有一年在东北林业大学查阅标本时看到的一只标本，长相并不出众，像斗蟋，但体色浅灰，身体稍呈圆形。鉴定以后，我只能是感觉它属于姬蟋，无奈仅仅一只标本，便暂且搁置了。当时，那个标签写的比较简单——“新疆，芨芨湖”，再无其他地理信息。好在，这个湖可以轻易地从网上查到。但是，网上查找到的芨芨湖是否是那只蟋蟀的产地，这件事还是有些让人忐忑。从巴里坤盐湖前往奇台的道路渐渐离开天山，高大的山脉离我远去，取而代之的是低矮的丘陵和一处处荒草覆盖的牧场。这一路并不寂寞，尽管人口稀疏，但隔些距离总能看到些民宅小铺；类似戈壁的荒滩上也能稀疏地点缀着干草，而砂石也被不那么干燥的土壤吸附着。太阳有些偏西的时候我们到奇台县城找了地方落脚。然后雷就带着我去寻找“芨芨湖”。

从奇台城出发，穿大街、走小巷，导航引领着我们向“芨芨湖”靠近。自从有了导航，人们路问得少了、向导也请得少了，只是在它指挥你的时候，往往会出现一种无脑的神游感。好路不长，在导航指引的笔直大路上，宽大牌子上“施工请绕行”阻止了我们的行进。导航给了我们另外一个选项，左手边的一条小路，目测只有一车半的宽度，两旁伫立着钻天白杨，远远地伸向了村落。新疆的村落时而聚集、时而分散。聚集时泥顶平房连成一片，门口有嬉戏的小孩儿；分散时高门大院，总有一处能够窥探到里面的草垛柴堆。晚上9点多的时候我们离目的地还有一段距离，周围的土房土墙已变得金碧辉煌，某个转弯又能见到被拉扯得很长的车身影子。这光景暖得人腿脚发软，都想停下来享受一下这“无限好”的夕阳。雷的车还在村落中游走，他已经打开了大灯，导航也不厌其烦地指导着方位。当天幕彻底黑下来的时候，我们到达了导航

▲曲脉姬蟋 *Modicogryllus consobrinus*（图片提供：张韬）

指引的目的地。黑夜里啥也看不到，听不到水浪的声音，也嗅不到应该飘散的湖腥。夜幕中，我们眼前的一切更像一个人口稀疏的街镇，有一条街道，一侧有几家关门的店铺。我找人询问，确认了这个地方正是芨芨湖，但是，“芨芨湖”仅仅是个名字——这里没有“湖”！

虽然和预想的差距比较大，但我的目标是捉虫而非捞鱼，没有湖就没有湖吧。我们往店铺对面的黑处走去，那里更像一片园子，黑夜中只见到一颗颗的向日葵。我在这天地里穿梭，颠簸、疲倦和不那么明显的饥饿荡然无存，因为，我听到了悦耳的虫鸣。我的耳朵引导着手电的光柱，我的眼睛追随着明亮的光斑，并在其中快速地搜索着。树蟋在向日葵大叶上歇脚，清脆的叫声让你慢慢向一株向日葵靠去，然后搜遍所有大叶都不见它的踪迹。不得已，带着疑惑的去搜寻另一株向日葵，但是，拎着双耳转了一圈又回到了原先那株。这时，两条棕黄色的发丝在大叶基部抖了一下，心中一喜，原来那树蟋是躲在了叶子的背面。在了解这种树蟋的叫声之后，另一种声音又引起了我的注意，于是我将手电打到了田边的杂草中。这杂草不像内地那么柔顺，可以用脚踏、用手拔，沙漠边缘的植物带刺，并且十分坚硬，我不经意用手触了一下便疼得我心头发怵。硬骨头不得已才会去啃，于是我转悠着寻找其他机会。这种蟋蟀叫声特别，绝对不是我所熟悉的声音。声音变化较多，是一种响亮的哨声，时不时又会夹杂一段吱吱的杂音。走不远，一棵树下响起了这种声音。夜里完全看不出大树的样子，只感觉没有树皮，树干竖起一条一条的凹槽。树下不是那么利索，紧靠着的几棵灌木的树杈伸展了过来，想要靠近大树，似乎只能向它们躬身。我弯下腰，左窜右绕地进了“树洞”，灯光打到处亮出了一副熟悉的身影——它们正是我在东北林大见过的那种蟋蟀！不论新疆有几个芨芨湖，也不论芨芨湖是不是真的有水，总之，我在与那个采集标签上记录的同名的地方找到那种姬蟋。当我看到这只蟋蟀的时候，赶来新疆之前

▲饲养的芨芨湖姬蟋

的所有忧虑和准备都显得那么微不足道。

在荆棘中捕捉这种活跃的精灵也并非一帆风顺，我花了将近两个小时，在雷催促我三四遍的时候也只是凑够了五六只标本。离开时没有遗憾，但也总感觉时间安排得有些仓促了。我们顺着来路走了一段，时间已近夜里12点，在一个丁字路口我们看到前面有车进入了一条被封堵的道路。那是一条整修中的大路，比我们来时公路宽阔很多，路口正中并列着一辆工程车和一台压路机，前车是从压路机边的路基上开过去的。查看了下导航，这条路正是从奇台县直线进入的那条主路。雷扭头看了下我，看着前车那么轻松地越过，我们何必舍近求远呢？雷的车身靠近压路机，我感到可以离开这里的时候，车子陷住了。在雷尝试摆动方向，猛踩油门之后，我们预感到了麻烦。雷也是花了不少工夫的，为了这次远行，车上备了电源、防滑垫和工兵铲。我们拿出防滑垫和铲子，费劲地将板子垫到前轮下，如是几次，车身只是挪动了几下，而并无脱困。过了好久，后面跟上来一辆面包车，下来几位四川兄弟。他们问清情况，随我们一起又给车底垫了些他们车上板子，结果还是未能成功。又折腾了一会儿，在前轮下深挖了一番，又好好地加固了一下右侧的车轮，然后我随几位四川兄弟一起在后面推车。这次车身前移了一大截，如是，我们又重复了一次上面的做法，终于离开压路机，上了黝黑而沥青味儿浓重的崭新公路。这路确实比来时近了许多，但也熬到2点多才返回住处。

接下来的几天，我们往北去了可可托海，进了额尔齐斯峡谷；又折向西面，去了北屯，到了福海，还去了那里的乌伦古湖；然后再次北上，去了布尔津，到了著名的喀纳斯。这一路，我们在去往富蕴的路上经历了一片沙漠保护区，公路夹杂在错落的红石中间，暗红色的沙地上散落着一丛丛白绿的干草，偶尔又有几棵泛白的小绿叶树。蜥蜴和沙漠鼠散布其间，旁若无人地发呆或者跳跃。在可可托海我们见到了两个湖泊，如碧玉一般镶嵌在金黄色的大山中。可可托海镇的天空中总是盘旋着大鹰，时而会低空掠过你的头顶。额尔齐斯峡谷是一处与广袤的沙漠戈壁不相协调的地方，因为这里

▲额尔齐斯峡谷内的钟山

▲乌伦古湖

▲喀纳斯湖景

四处青山绿水，一派南方风光；更有形似古铜大钟的石山，名为钟山，是一块完整的巨大山石，简直就是放大版的奇石摆件。乌伦古湖是一个巨大的湖泊，湖面宽阔，边际遥远，水浪将岸边拍打得只剩下卵石。我们立在湖的北侧，会看到朝阳从右手边芦苇塘中跳跃出来，一点点用热烈的白光稀释着这美味的橘子色，也将白色冰冷的水浪染黄、暖热。乌伦古湖连接着一大片湿地，这里似乎是鸟类的天堂。在这里，我见到了最多的水鸟，鸭、鹳、鹅和鸬鹚，而鸭鹅还能分出很多样子。而离开大湖，周围有大片的浅滩，或者浸润在一泡泡的蓝水之中，或者凸起来覆盖着一片白色的盐碱；再远处，湿地中长满了张牙舞爪的红褐色灌木，泛着一阵阵腥臭的气味；再往外缘，全是蜿蜒、斑驳的黄沙，正午时候，干燥炎热，没有一口清爽的净水，眼目中见到的黄牛、骆驼骨瘦如柴，无精打采。

这一路标本不多，也无甚新意。额尔齐斯峡谷附近捉到几只油葫芦；在北屯的晚上，从兵团的菜地里捉到几只树蟋；在布尔津的

▲乌尔禾

郊区，我在农田里听到蟋蟀的叫声，可惜采集环境复杂，一无所获；到了喀纳斯，温度太低，竟然没有听过蟋蟀的叫声，不过有一种螽斯十分特别，叫声如突然漏气的轮胎一样，此起彼伏。总的来说，北上的路似乎并不利于蟋蟀的采集。想想也是，这广阔疆域的湿度条件已经对蟋蟀的生存提出考验，如果加码温度条件的确会对它们造成更大的威胁。于是，我将采集的信心放在了南下返回的路上，尤其是水草肥美、人口聚集的地方。在水热条件稀缺的地方，人口聚居的地方也一定是虫子喜爱的地方。不过，当人类使用了农药之后，虫子的选择就受到了局限。

结束高山湖景的游览，我们从喀纳斯直取乌尔禾。乌尔禾是一个盆地，海拔不到400米，从纬度和温度推断，这里应该是一个动物王国。离开布尔津，道路两旁的植被越来越少，而随着人烟的稀少，眼前的景致也更加辽阔。中午过后，我们渐渐进入了乌云遮掩的区域，天匆匆暗淡下来，一会儿车窗上淌起了水花。原本点缀着褐色枯草的干黄戈壁变得深沉而温润，空气里飘来了雨水混杂着土腥的香气。车辆蜿蜒在黝黑发亮的路面上，远远地可以望见一股股宽大的水柱遮盖在更加浓黑的片片乌云之下。雨水在一个小城止住了脚步，离开小城微微打湿的路面不久，我们再次进入了泛白的阳光下。没有风，但天空不是蓝的，而似乎撒满了尘埃，给眼前的世界涂满了令人焦躁的白黄色。这样的光照下犹如黏稠的糨糊，它让戈壁的边界变得模糊。接近乌尔禾的时候，戈壁上立起了很多的台地，这大概就是声名在外的“魔鬼城”。因为风蚀的作用，原本在平地上竖起的土包被切割成了奇形怪状的立柱。据说身临其中，伴着风声还会奏起惊悚的响动。我们按照地图的导引离开干道，从岔路进了乌尔禾乡。成排的院落铺在了道路两旁的白杨树后，街道上的行人很少。也许因为我们是生人，大家的面色和眼神都显得不甚友好。我们沿着乡派出所前的道路继续往西，遇到了一片红杨林，树木密集，但林下的土壤如沙粒一般干燥。我下车在林缘转了几圈，好似惧怕炎热一样，所有的虫子都销声匿迹，躲起来乘凉去了，空留一片死气的草木。继续向西，穿过林地又是一片起伏的荒滩，远处有一潭被黑灰色的沙粒环抱着的湖水，再往前就上了另一条大路。看来看去，这里并不是一个适宜采集的地方。

我们找当地人打听了一下，大概是我在交谈中过分强调了湿润，所以被他们指点到了“艾里克湖”。艾里克湖不是很近，好不容易到了那里，却发现湖区完全被围圈了起来，不得靠近。而且那时起风，大风卷着水汽令人瑟瑟发抖，站在车外彼此说话都得扯起嗓门。不得已，我还是决定到乌尔禾的农田里，去找一些“大路货”。返回的时候已近日暮，彤红的夕阳将路旁远方的雅丹台地装点得犹如奢华的宫殿楼阁，令人痴痴地陷入了快乐的遐想。回到乌尔禾，我们又到白天去的村子附近转悠，我不再奢望远处的河谷林地、湖畔牧场，

▲斑翅灰针蟋 *Polionemobius taprobanensis*（图片提供：张韬）

而是老老实实找到一片开阔平坦、没有障碍的瓜地。这瓜地似乎比一个体育场还大，四周空荡荡的，可以想象白天烈日下的炎热。远远地能听见几声虫鸣，断断续续无法确定方位。顺着瓜间的空地，我慢慢地搜索着。突然，一个渺小的影子在我眼目的余光中“闪耀”了一下，我急忙扭头追寻它的踪迹，目光移到了几条瓜秧上。大叶子的边缘卷起了黄色，有些地方甚至干枯得皱缩起来，只是，除了这茎叶和旁边的大瓜，似乎没有什么移动的东西。大概是眼花，心念着几日不见的蟋蟀，然后伴着旅途中晕乎乎的颠簸就出现了幻觉。我把目光移向了远处，那时，天色已经昏暗下来，绿色的瓜秧、硕大的西瓜，还有几个摔裂了的西瓜的红瓤依稀可辨。我稍感平静，于是继续安心找寻。这会儿又听到了蟋蟀的鸣叫，声音近了一些，也大概辨出了方向。我慢慢往声音传来的地方移动，可惜走了几步它们就止住了叫声。

蟋蟀无论雌雄都会拥有一对尾须，或长或短地着生在它们的腹部末端。尾须是蟋蟀的感觉器官，它们拥有一种特殊的触觉功能，就是当身下的地面发生振动的时候，它们可以通过尾须感知，并立刻做出噤声和逃避的反应。说起蟋蟀的感觉器官，它们拥有很多不同于包括人类在内的哺乳动物的地方。比如它们的耳朵，没错，蟋蟀拥有感知听觉的“耳朵”，但是它们的耳朵没有长在头上，而是长在了腿上！蟋蟀的耳朵叫作“听器”比较合适，它们是专司听觉功能的器官。蟋蟀听器着生的具体位置是前足胫节，即第一对步足的小腿上面。蟋蟀听器一般会在一条小腿的内外两侧各自着生一个，所以，算下来它们相当于拥有4只耳朵。但是，某些位置的听器会在一些种类中发生退化或者特化。蟋蟀的感觉器官还包括它们的视觉、光感、味觉和嗅觉等功能部位。有一点大家需要知道，蟋蟀的视觉是以复眼成像，而对光线的感知是通过单眼完成。另外，嗅觉和味觉常常以特化的感觉细胞着重分布在颚须和唇须上。昆虫，在某种程度上就如同一个精致的机械，它们的功能和“配置”常常简单而直接。这是一种高效的存在方式，这种存在方式反映出它们与其所处环境的高度切合。当然，这样的高效性具有两面性，当环境稳定的时候，这种适应代表的是简洁和高效；而当环境改变时，简洁的东西也许会变得力不从心。

采集蟋蟀的时候经常会因为脚步的移动而惊扰到它们，所以我采集的时候养成了一个蹑手蹑脚的习惯。不过，这种习惯往往是我自己的心理安慰。因为，无论我如何高抬足低落脚，似乎都不可避免地惊扰到这些“尾须”敏感的家伙们。蟋蟀们尾须的敏感度对我像是一个谜，如果说离得比较近的时候，脚步的震颤影响到它们无可厚非；但是，我经常发现在很远的地方也会触发它们的机关，并且一旦开启它们的警觉，这群精怪的生灵就会按捺住自己的原始冲动，久久隐匿而不作声，直到你失去耐心离开以后，它们又会恣意而带有挑战意味地叫喊起来。就这样，瓜地里继续安静着，只剩下了我一个人的喘息，索性，我又转身往相反的方向走去。此时，天色已经完全黑暗了下来，我拿出手电并戴好头灯，准备“挑灯夜战”。在研究蟋蟀之前，我会像很多采集者一样，看重白天的采集时间，常常嫌弃一早林中的露水，常常想象夜晚除了蛾子，虫儿们也会如人类一般开始休憩。当我第一次通宵夜采后，我的观念完全改变了。夜晚，是一个活跃而生机勃勃的快乐世界。夜晚，当你把电光移到路边，会发现路边犹如繁星闪闪，那是无数只蜘蛛的小眼在瞅着你；夜晚，当你拨开茂密的树枝，你会发现枝叶上爬满了甲虫，而白天留出虫孔的始作俑者正在眼前；夜晚，一切你白日里极为罕见的各种竹节虫或者螳螂，这会儿会像满地的蚂蚁一样攀爬在枝头或者草叶上。夜幕为自然生灵们提供了天然的遮蔽和保护，虫儿们也习惯而大胆地露出了真身。这之中，蟋蟀也不会例外，甚至它们会装扮成这个安全幕帐中的高调主角。

大概是发觉我这个人类远离了自己，那个重复的“远方”声音再次响起，于是我急速地跑了过去。没跑几步，声音又止住了，但我明显感觉自己离它的距离比前几次都近了。我没有放弃，而是俯下身来静静等候。这时，天色有些泛白，原来硕大滚圆的月亮挂在了东方的天边。见到这样大月亮的机会屈指可数，依稀记得，之前见到它是在一个需要起早的特殊日子里，那会儿这轮硕大圆润的月亮是黄色的，仿若一位长者温润和慈祥。此刻的圆月亮有些刺眼，在满满的白光中我又有点儿走神了，是蟋蟀的鸣叫把我从神游中拽回了瓜田。我听到声音就在我的跟前儿，于是我没有起身，而是用胳膊支撑着，小心翼翼地探出了我的前身。大概是头灯的亮光照到了它，我再次丢失了声响。就在我略感失望的时候，一个颇具特色的身影越过我的眼前，这次看清了这个精灵——黑色油亮脑袋和橘黄色的身体，精致而小巧。这是蟋蟀，不是蟋蟀的成虫，但是，它是什么蟋蟀呢？看到这个蟋蟀的若虫我有些迟钝了，我对它的模样完全陌生。我应该只对成虫熟悉，不认识这个若虫倒也是情理之中。这回我再次验证了自己采集蟋蟀时铁一般的规律，只要能在一处新地方打破零采集，采集大业就算顺利开张了。接下来的采集十分顺利，这样黑头红身

▲姬蟋 *Modicogryllus* sp.

▲沙漠黑蟋 *Melanogryllus desertus*

子的小精灵捉到了不少，我打算带回实验室去养殖，看看它们究竟是什么奇异的宝贝。然后，循着那一阵阵的叫声，我捉到两种蟋蟀，除了姬蟋之外，还有著名的新疆特产，沙漠黑蟋。只是黑蟋数量不多，我一个晚上也才捉到3只。

沙漠黑蟋的标本我只在上海昆虫博物馆和中国农科院植保站见到过零星的标本，但是刘宪伟老师曾告诉我，这种蟋蟀在新疆十分常见。不过，我历经新疆多地，这么多天才收获3只标本，着实没有感觉到它们的“常见”。沙漠黑蟋通体黑暗，体型粗壮，略长；其最大特点是拥有一双金色的前翅。黝黑的身体上配起一双亮金色的膜翅还是能够令人眼前发亮的。根据那时的知识范畴，我们认为沙漠黑蟋是沙地环境特有的耐旱蟋蟀，它只会分布在类似新疆那样环境的中亚地区。尽管采集标本不多，捉到了就很欣慰，毕竟这是一种“常见”的蟋蟀。这一夜虽说收获的种类不多，但是无论成虫，还是幼虫，标本数量十分令我满意。尤其那些黑头红身的可爱精灵，没准它们真的是我的一次惊艳发现呢！

接下来几天，我们沿着新疆富饶的中线慢慢地向吐鲁番开进，沿途去了奎屯、石河子、玛纳斯，还有乌鲁木齐附近的山沟沟。蟋蟀种类没有什么太新奇的东西，都是些树蟋、姬蟋和悍蟋，还补充了几只沙漠黑蟋，当然，还有那些黑头红身的小精灵。

一个阴雨绵绵的早上我们离开了乌鲁木齐，路途中我们穿越天山谷地，在天山南面的一条沟里停留了一下。沟口前是一片辽阔的牧场，在细雨的浇淋下泛着稀疏的青绿，沿着一条笔直的公路进到了山口。两山之间的山涧并不狭小，不仅空出了宽阔路面和道路两边的滩地，还流出很宽的河道。河水很浅，但清亮地铺满了整个河道。河水冰冷，让这夏末或者初秋的细雨生出了几分寒意。再往里走又是一个岔路口，那里分散着几处院落。最中间一个小卖部十分显眼，红色的门框，挂着军绿色棉门帘，透过缝隙泛出一些蜡烛一样的暗黄色白炽灯光。门口的墙上用油漆刷着歪歪扭扭“小卖部”三个字。在这个路口，我们看不清地图的含义了，于是往小卖部里打听了一下前面的情况。店主说那条岔开的主路是通往天山的，里面还分布着几个矿，但路不好走。我们商量了一下，还是决定取道吐鲁番吧，毕竟这里有些冷了，而继续上山不仅更冷，路也难走。于是，我们返回主路，安心地奔向吐鲁番。

细雨渐渐地被我们甩在了身后，眼前慢慢地只剩下乌云遮蔽下的阴暗。阴暗之中，原本应该越发荒凉的黑色戈壁却多了几分生机，那是一排排、一列列的规整的白色巨柱，柱子的顶端举着三片硕大的风叶。这是可以供给清洁能源的风力发电机。远处的发电机只是一个小小的白色风车，当靠近它们才真正体会到人类的渺小和自然的广博——这“小小的风车”基部有个控制室，而那个可以开合的弓形小门足有一人之高，但人站在这个既大又小的柱子下面，还是显得微不足道。接近吐鲁番的时候，乌云已经变成了厚厚的白云，阳光时不时会从云层的缝隙中喷射出来。因为雨水的浸润，飞沙尘土都乖乖地趴伏在地上，眼前的天空透亮清澈。大地上深沉的暗影和金色的亮光交错斑驳。虽然少了沙尘，狂风似乎并没有缺位。

雷一直抱怨把握方向太累，因为越过公路的横风始终不懈地把我们向道路的一侧推搡。只有用自己的肉身体验一下，才能领悟这空气急流的力道。路途中间，我们有意下车感受了一下。我用力推开车门，从微微开启的缝隙中挤了出去，就在挪身的一刹那，一个不及时肩膀就被门边打了一下。狂风裹挟着湿气冲击着我的面部，完全没有办法呼吸喘气。我转身背风，一边半缩着身体，一边用力向后顶着。大概因为新奇，这烈风反倒吹得我有些兴奋。我试着往周围走了几步，身体冷冷的；即便没有风沙，眼睛也只能眯缝着无法圆睁；扭到一个合适的角度，耳朵都会被吹得折叠起来。待回到车上，一时间明白了什么叫作“平静”，以及什么叫作“安静”。

吐鲁番不愧是火热盆地，入境吐鲁番，丝毫没有见到雨水降临的样子，整个世界都成了橘黄的土色。天空似乎被太阳烤熟，灰白中泛着淡淡的黄烟，车轮到处、脚步落地都会溅起一层浓烟一样的浮土。刚刚风冷的寒意还在密封的车厢里保着温，而一旦踏出车门便浑身被裹携在了炉火中，皮肤瞬时升温，体内的水分也会马上挥发。吐鲁番有一个叫作艾丁湖的地方，是世界上少有的几个内陆低点之一，据传艾丁湖的湖面位于海平面下的154.31米。这是一个不可错过的神秘之地，在广阔的“地下”仰望天空会是一种什么样的感受呢？车穿街走巷，向着艾丁湖奔去。道路两旁都是西北农村经典的平顶院落，只是在阳光和天色的映衬下更加红黄；越过民房，是一片片广阔的农田，但远远望去，作物的叶子都干枯地打着蔫，实在诧异这里植被如何生长的。渐渐地远离了村落，再次进入了无境的旷野。阳光开始暗淡下去，周遭的光景越来越单调，从眼前的景致上已经无法捕捉任何环境改变的信息。于是，我打开了海拔仪，此时显示的是85米。伴随着我们的前进，海拔在一米一米地下落着。我此时全神贯注地观察着海拔仪，为每一次数字的减少感到兴奋。我亲眼看着数字由两位数变成个位数，又如同倒计时一般看着我们不偏不倚地落到“海面”上，然后继续向“海底”跌落。-10米、-15米、-20米、-25米……我们距离海平面越来越远，但是我们的呼吸和体感似乎毫无感触。雷提醒我起风了，我远远地望到了前方充满了天地的红黄色云头——那不是水汽形成的“云”，而是沙尘升腾起的风暴。望着负数绝对值的加码，我没有退意。不一会儿，路边立起了一间独立的水泥平房，屋前设了一间路障。这里是艾丁湖的管护站，保卫提醒我们前面起风，景区可能会封闭。我们说再深入一点儿看看情况，于是继续往里开。又往前走了一会儿，当海拔大概 -40米的时候，又有一间水泥房连同路障横在了马路中央。这里是景区的售票处，接待我们的是一个女的，她说里面打电话过来，说下面正在刮沙暴，我们进不去了。十分扫兴，我不情愿地拍下了表盘上 -40米的计数，然后悻悻地踏上了返回的路程。

伴着夜幕，我们渐渐离开了风区。海拔又一米米地升到了海平面、超出了海平面，然后到了吐鲁番市镇村落里微微起伏的高度。回去的路上，我们在一处来时的田地里停下，四野响起了阵阵虫鸣。不知是因为适宜的温度，还是因为地理位置更靠近内地，这里居然有很多在内地常见，而在新疆其他地方从未见过的蟋蟀。我在一处田埂上堆积的麦秸里翻了一下，很多大大小小的蟋蟀从里面蹦跶出来。不过，还是那个精巧的黑头红身的小家伙吸引了我。这个种的蟋蟀真多啊！但是，我根本无法确认它是谁。在麦田里采集得差不多，我们就往城里赶。路上看到一家农家乐，顺道拐进去解决一下肚子的问题。很大的院落，精致的房子，往里穿过一条长廊，来到一片葡萄架搭起的露天院落，一片方正的葡萄架下用方格屏障围了起来，里面一个高台上面铺着毛毯，正中央放着一个小方桌。在这里我们享受了地道的大盘鸡、馕包肉和红柳烤肉，现在回想起来嘴里都会泛起一阵口水。吃完饭，农家乐的主人指点我到她家周围的葡萄园去看看，那里经常有黑乎乎的蟋蟀出没。手电的灯光也能照亮我踏起的阵阵浮土，这里实在太干，而在路上也依然能感受到白天燥热的余温。我穿进一个葡萄园，在葡萄架下游走着，渐渐的葡萄架下竟生出几分寒意。突然，我看到脚下缓缓漫过的水流，一点点地向我铺展开来。原来是葡萄园主开始浇灌园子了，而这凉气正是来自那流水。又转过几个葡萄园，我预感到浇灌的事情

▲嘉峪关旁长城第一墩景区

并非某家在做，而是一个正在进行的集体活动。这会儿我突然想起白天日头下无精打采的作物，原来它们都是靠着夜间的浇灌才得以茁壮成长。

我们在吐鲁番转了几天就打算结束旅程，我们去了火焰山，路过了哈密，然后就取道瓜州，分别拜访了敦煌和嘉峪关，最后我在武威和雷分手，继续路途迢迢地返回了我的实验室。回去以后我逐一对采集标本进行录音、取样和标本制作。至于那些幼虫，我只能饲养起来，等着它们一天天长大。尤其是那些黑头红身的家伙，它们的真身实在太令我着迷。昆虫的发育都有变态现象，即经过发育，从一种虫态变化为另外一种虫态。比如，大家都知道蝴蝶是从“毛毛虫”变来的，那么长有翅膀的蝴蝶成虫和“毛毛虫”就分别是蝴蝶的两种虫态。作为昆虫，蟋蟀的发育期也具有变态现象。但是，蟋蟀的变态，其成体与幼体的形态差异并不大，只是在体型大小上具有明显差异。像蟋蟀的这种变态被称为渐变态。正常情况，蟋蟀从卵孵化后的一龄幼虫需要经历7个虫龄才能变为成虫，由每个虫龄进入下一个虫龄都要经历蜕皮这一环节。我捉到的这些黑脑红身的小可爱应该在三四龄的样子，按照每龄7天来计算，大概过上1个月我就可以知道它们是谁了。于是我按部就班地饲养了起来，但是，真的过了1个月之后，我并没有得到我期望的谜底——它们居然一点儿没长，带回来时候什么样子，现在依然是什么样子。

在昆虫的发育中还存在一种情况——滞育。昆虫们为躲避不利环境会停止自己的进一步发育，以某个虫态保持最低的代谢水平，待到条件适宜的时候再继续自己的发育过程。当然，这种滞育并非来自昆虫的主观能动，绝非昆虫们通过意念就可以实现的事情。往往，滞育会因为一些特定环境因子的触发才发生的，这个触发因子可以是包括温度在内的任何环境因子。面对这些长不大的小蟋蟀，我的第一反应就是它们滞育了。我首先把它们放到了温箱中继续饲养，又是半个月，仍然没有见到它们的变化。这次我想到了光照。也许是西安的光照时间与新疆存在差异，总之，我把温箱里的灯光全时打开，并保持恒温。终于，我在此后的1个月的时间里见到了它们的成长。而随着它们的成长，那红黑相称的颜色越发消退，慢慢地，我几乎忘掉了它们幼时的可爱模样，因为它们变黑了。待到成年，我期待的谜底也揭开了，原来不是别的什么蟋蟀，这些可爱的精灵正是黑得发亮的“沙漠黑蟋”。再后来，有朋友送给我的，也有我自己采集，总之，我们发现在中亚以外的地方，比如深圳、香港地区和台湾地区也有黑蟋的种类，只是，它们是黑蟋属的其他种类。